Ursprünglich veröffentlicht in der Reihe „Technische leergangen" unter dem Titel „Schokdempers & vering"
von Educatieve en technische uitgeverij DELTA PRESS BV, Overberg, gem. Amerongen, Niederlande.

© 1990 by Educatieve en technische uitgeverij DELTA PRESS BV, Overberg, gem. Amerongen, Niederlande

Zusammengestellt durch Th. A. M. van Ballegooij und Tj. de Jager

Deutsche Übersetzung:
P. van den Eijkel

Alle Rechte vorbehalten
© Friedr. Vieweg & Sohn Verlagsgesellschaft mbH, Braunschweig / Wiesbaden, 1993

Der Verlag Vieweg ist ein Unternehmen der Verlagsgruppe Bertelsmann International.

Das Werk und alle seine Teile sind urheberrechtlich geschützt. Jede Verwertung in anderen als den gesetzlich zugelassenen Fällen bedarf deshalb der schriftlichen Einwilligung des Verlages.

Gedruckt auf säurefreiem Papier

ISBN-13: 978-3-528-04830-3   e-ISBN-13: 978-3-322-86803-9
DOI: 10.1007/978-3-322-86803-9

Stoßdämpfer und Federung

Inhalt

Die heutige Fahrwerkstechnik beinhaltet als wichtigste Komponente neben der Federung den Stoßdämpfer. Hohe Sicherheit und Komfort während der Fahrt sind bei modernen Fahrzeugen allgemeiner Standard. Die Aufgabe der Stoßdämpfer ist es, ein Aufschaukeln und ein langes Nachschwingen des Wagenaufbaus zu verhindern (Fahrkomfort), sowie die von der Fahrbahn angeregten Schwingungen der Räder und Achsen rasch zum Abklingen zu bringen.

Dieser Technische Lehrgang erklärt nicht nur die Theorie und das Funktionsprinzip des Stoßdämpfers, sondern stellt auch die praktische Anwendung, die verschiedenen Bauarten, die Prüfung und das Feststellen und Beheben möglicher Funktionsfehler dar.

1	**Theorie**	2
1.1	Stoßdämpfer	2
1.2	Auftretende Frequenzen und Kräfte	2
1.3	Straßenlage, Fahrkomfort und Lebensdauer	3
1.4	Die Prüfung der Stoßdämpfer während der Produktion	3
1.5.	Die Dämpfungskennlinie	4
1.6	Der kritische Dämpfungsfaktor	4
2	**Arbeitsweise der Stoßdämpfer**	6
2.1	Einleitung	7
2.2	Arbeitsweise eines Zweirohrstoßdämpfers	7
2.3	Arbeitsweise eines Einrohrstoßdämpfer	8
2.4	Der Zweirohr- und der Einrohrstoßdämpfer	9
2.5	Stoßdämpfer für luftgefederte Fahrzeuge	9
3	**Bauarten der Stoßdämpfer**	11
3.1	Stoßdämpfer mit variabler Dämpfung	13
3.2	Zweirohrstoßdämpfer mit Gasfüllung	15
3.3	Stoßdämpfer mit Niveaueinstellung	16
3.4	Stoßdämpfer in sportlichen Ausführungen	16
3.5	Stoßdämpfer kombiniert mit einer Federspitze	17
4	**Prüfen der Stoßdämpfer**	22
5	**Mängel an Stoßdämpfern und Radaufhängungen**	24
5.1	Mängel an Stoßdämpfern	24
5.2	Mängel an der Radaufhängung	28
6	**Entwicklungen**	31

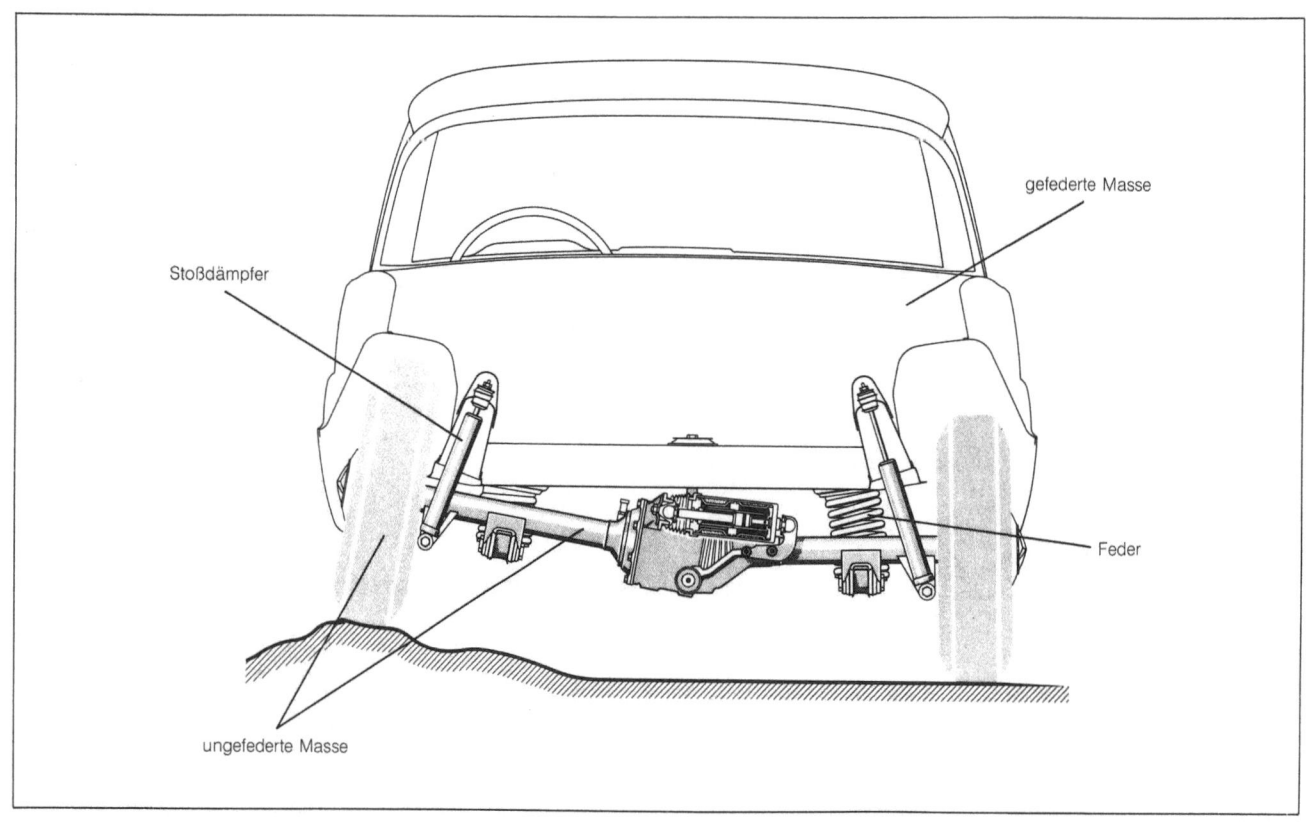

1 Theorie

1.1 Stoßdämpfer

Bild 1 zeigt ein Fahrzeug ohne Federn mit Hartgummireifen. In solchen Fahrzeugen wird man kleinste Unebenheiten der Fahrbahn im Wagenaufbau feststellen.

In Bild 2 dagegen wurde zwischen dem Fahrwerk und der Karosserie eine Federung eingebaut. Die Folge ist, daß die Unebenheiten der Fahrbahn nicht direkt auf den Wagenaufbau einwirken können. Das ganze System – luftgefüllte Reifen, Federung, Stoßdämpfer und Aufbau – muß als Einheit betrachtet werden. Dabei übernehmen die Reifen einen wichtigen Beitrag der Federung und Dämpfung.

Bild 2 zeigt zwischen der gefederten und ungefederten Masse zusätzlich einen Stoßdämpfer. Die Aufgabe des Dämpfers ist es, die Bewegungen der Feder in kürzester Zeit zu verringern. Die kinetische Energie wird dabei im Stoßdämpfer in Wärme umgewandelt. Der Ablauf dieses Vorgangs wird in den nächsten Kapiteln genauer behandelt.

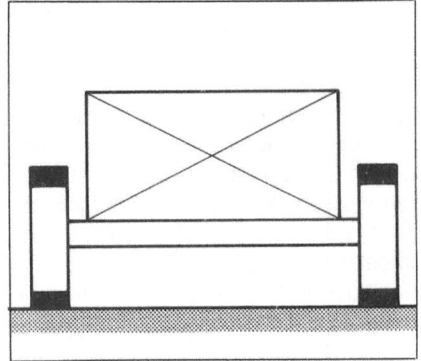

Bild 1

Bild 2

1.2 Auftretende Frequenzen und Kräfte

Bild 3 zeigt eine vereinfachte Darstellung des Masse-Federungssystems.

- C_1 = Konstante für die Federrate der Reifen
- C_2 = Federkonstante der Feder.
  Die Federrate ist der Zusammenhang zwischen Federweg und dazugehörender Federkraft.
  Als ungefederte Masse werden die Teile bezeichnet, die sich zwischen Feder und der Fahrbahn befinden.
- m_1 = ungefederte Masse: Achse + Räder
  Die gefederte Masse ist die Masse, die sich oberhalb der Reifen und Feder befindet.
- m_2 = gefederte Masse: Fahrzeugaufbau + Zuladung

In gefederten Systemen werden Federn, Dämpfer und Träger über die beiden obengenannten Massen verteilt.

Die Parameter C_1 und m_1 bestimmen hauptsächlich die Eigenfrequenz bei der ungefederten Masse.

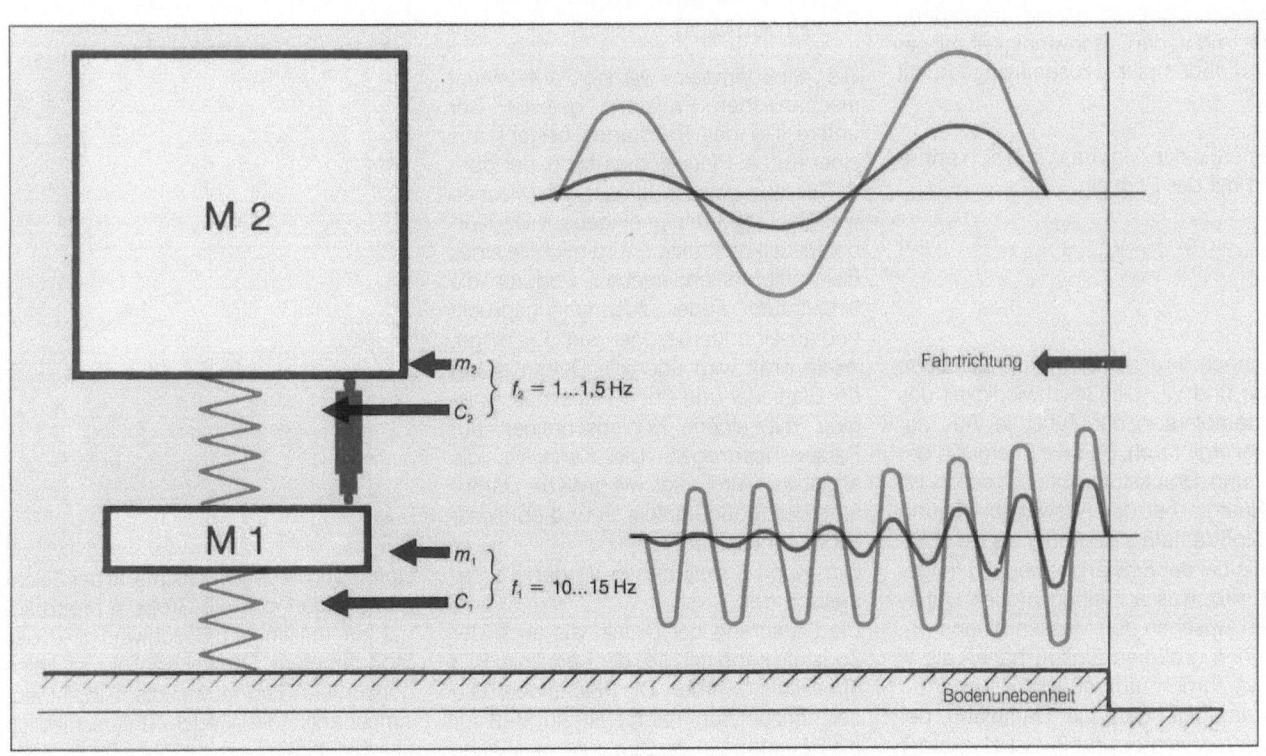

Bild 3

Diese Frequenz wird mit f_1 gekennzeichnet. Der Wert liegt im Allgemeinen zwischen 10 und 15 Hz.
C_2 und m_2 bestimmen hauptsächlich die Frequenz der gefederten Masse. Sie wird mit f_2 gekennzeichnet und hat in der Praxis meistens einen Wert zwischen 1 und 1,5 Hz. Bild 3 stellt diese verschiedenen Frequenzen dar.
Die Formel, mit der die Eigenfrequenz berechnet werden kann lautet:

$$f = \frac{1}{2\pi} \cdot (C \cdot m)^{1/2} \quad [Hz]$$

Die beiden Frequenzen f_1 und f_2 beeinflussen gegenseitig ihr Schwingungsverhalten; weil aber f_1 viel größer ist als f_2, kann der gegenseitige Einfluß der Frequenzen vernachlässigt werden.
Bei einstellbaren Stoßdämpfern kann nur die Zugstufe eingestellt werden. Diese hat auf die Dämpfung den größten Einfluß.
Die während der Druckphase gedämpfte Energie wird annähernd durch die Formel:

$$W_{in} = 0,5 \cdot m_1 \cdot v_{in}^2 \quad [Nm]$$

berechnet. Dabei ist m_1 die ungefederte Masse und v_{in} die Geschwindigkeit, mit der der Stoßdämpfer zusammengedrückt wird.

Die Energie der Zugphase läßt sich annähernd mit der Formel

$$W_{aus} = 0,5 \cdot m_2 \cdot v_{aus}^2 \quad [Nm]$$

berechnen. Hierbei ist m_2 die gefederte Masse und v_{aus} die Geschwindigkeit des Stoßdämpfers in der Zugstufe. Aus der Formel ergibt sich, daß die Energie in der Zug- und Druckstufe unterschiedlich ist; die Energie bei der Auswärtsbewegung des Stoßdämpfers ist größer als die Energie, die bei der Einwärtsbewegung freigesetzt wird, was auf einen großen Unterschied zwischen den Massen m_1 und m_2, die einen größeren Einfluß haben als v_1 und v_2, zurückzuführen ist.
Hieraus folgt, daß die Dämpfung der Auswärtsbewegung größer ist als die der Einwärtsbewegung.

1.3 Straßenlage, Fahrkomfort und Lebensdauer

Das Maß der Dämpfung für das Ein- und Ausfedern der Feder ist ein Kompromiß zwischen Fahrkomfort und Straßenlage, für den sich die Konstrukteure entscheiden müssen. Je höher der Fahrkomfort, desto schlechter die Straßenlage und umgekehrt.
Wenn die Dämpfung in der Zugstufe groß ist, verringert sich der Fahrkomfort, jedoch verbessert sich die Straßenlage. Die Lebensdauer der Federung wird dadurch größer. Ist die Dämpfung in der Zugstufe klein, erhöht sich der Fahrkomfort, es verschlechtert sich jedoch die Straßenlage des Fahrzeugs und die Lebensdauer der Feder. Wenn die Dämpfung in der Druckstufe, die nicht eingestellt werden kann, groß ist, wird der Fahrkomfort schlechter. Die Lebensdauer der ungefederten Masse, kleiner. Wenn die Dämpfung der Druckstufe klein ist, ist die Straßenlage schlecht; das Rad springt und verliert den Kontakt mit der Fahrbahnoberfläche, wodurch die Reifenlauffläche stellenweise übermäßige Verschleißerscheinungen zeigt.

1.4 Die Prüfung der Stoßdämpfer während der Produktion

Die Stoßdämpfer werden auf einem mechanischen Prüfstand getestet. Der untere Teil des Prüfstands besteht aus einer Kurbel-Pleuelkonstruktion, der obere Teil aus einer Blattfeder. Dazwischen wird der Stoßdämpfer eingebaut. Die Kurbel-Pleuelkonstruktion wird mit Hilfe eines Elektromotors angetrieben, wodurch die eingebaute Feder zusammengedrückt und auseinandergezogen wird. Die eingeleitete Kraft wird über die Deformierung der Blattfeder und einem Hebelmechanismus mit einem Kurvenschreiber auf Papier übertragen. Die Kennlinie, die abgebildet wird, zeigt, wie groß die Dämpfung des Stoßdämpfers ist und ob dieser richtig funktioniert.
Bild 4 und 5 stellt diesen Vorgang schematisch dar.
Die Dämpfung der Druck- als auch der Zugstufe kann mit Hilfe der Kennlinie (Bild 6) bestimmt werden. Die Fläche oberhalb der horizontalen Teillinie ist ein Maß für die Dämpfung in der Zugstufe, die Fläche unterhalb der Teillinie entspricht der Dämpfung in der Druckstufe. In der Zeichnung ändert sich die Größe h proportional zur maximalen Geschwindigkeit des Stoßdämpfers. Diese Kennlinie ist keine horizontale Gerade, weil die Kurbel-Pleuelmechanik die Feder unterschiedlich beschleunigt.
Wenn der obere Totpunkt erreicht wird,

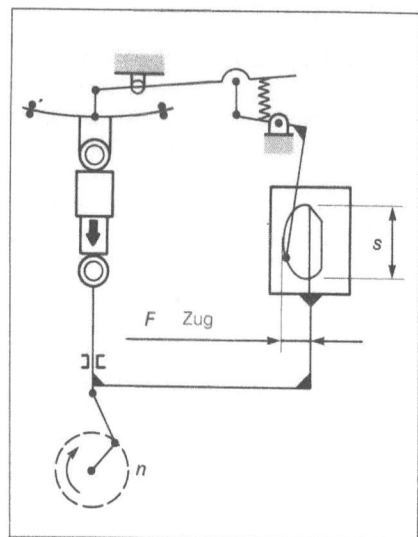

Bild 4

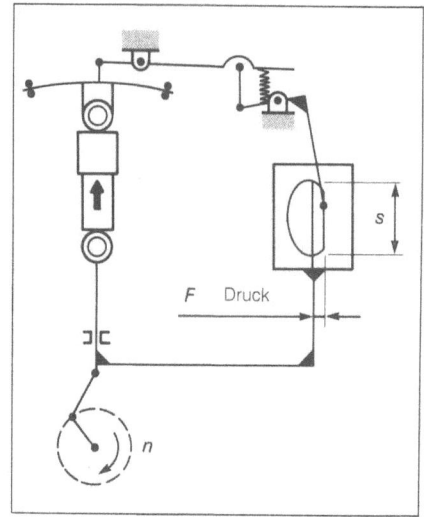

Bild 5

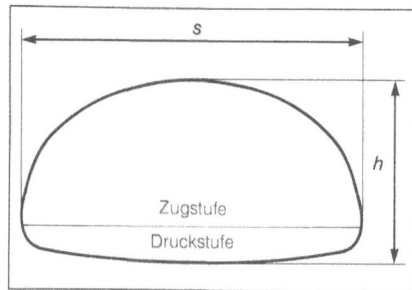

Bild 6

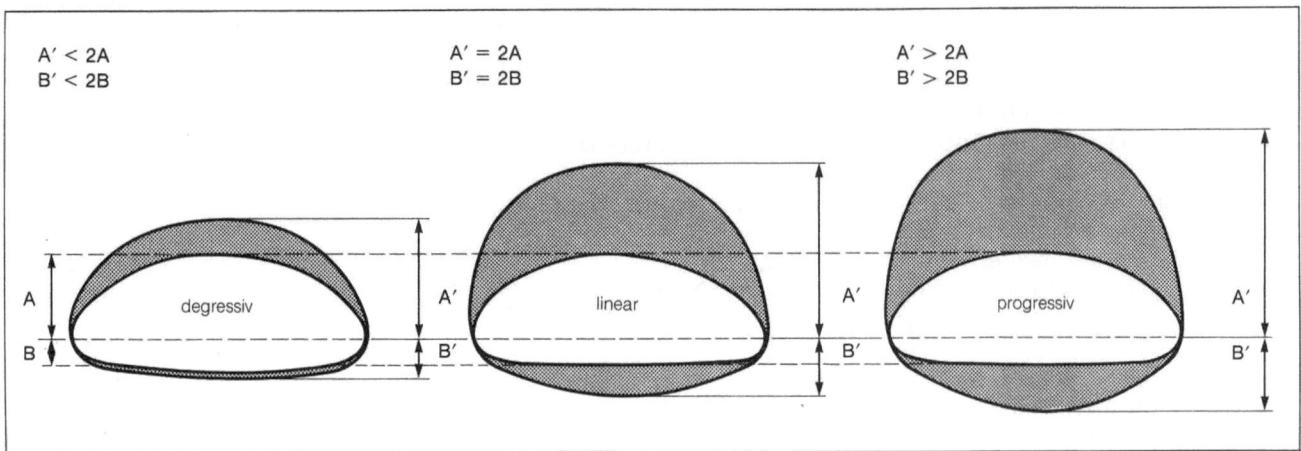

Bild 7 Bild 8 Bild 9

verringert sich die Geschwindigkeit auf einen Nullpunkt, danach steigt sie wieder auf einen Maximalwert usw. Die Geschwindigkeit, mit der der Stoßdämpfer auf und ab geht, wird durch die Rotationsfrequenz und den Hub des Pleuel-Kurbelmechanismus bestimmt. Die maximale Geschwindigkeit des Stoßdämpfers gleicht sich der Umlaufgeschwindigkeit der Kurbel an und kann mit der Formel

$$v = \pi \cdot s \cdot n \quad [\text{m/s}]$$
(s in m, n in s^{-1})

dargestellt werden.

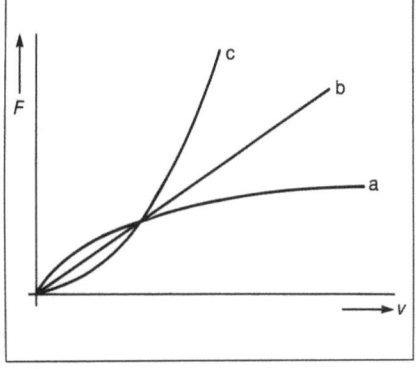

Bild 10

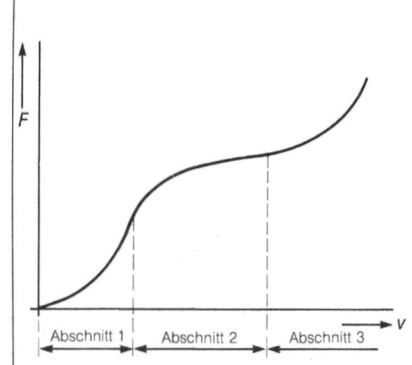

Bild 11

1.5 Die Dämpfungskennlinie

In den Bildern 7, 8 und 9 sind drei öfter auftretende Kennlinien dargestellt. Bei allen Kennlinien stellt man fest, daß die Dämpfung der Auswärts- als auch die der Einwärtsbewegung zunimmt, nachdem die Geschwindigkeit größer wurde.
Je nach Dämpferkennlinie ergeben sich während des Stoßdämpfertests verschiedene Kennlinien. Bild 7 zeigt eine Kennlinie mit degressiven Eigenschaften. Nachdem die Geschwindigkeit verdoppelt wurde, ist die Zunahme der Dämpfung weniger als 100%.
Im Bild 8 ist die Kennlinie linear. Wenn sich die Geschwindigkeit verdoppelt, steigt die Dämpfung um 100%.
Im Bild 9 ist die Kennlinie progressiv. Wird die Geschwindigkeit verdoppelt, steigt die Dämpfung um mehr als 100%.
Im Bild 10 sind die Kennlinien der Auswärts- oder der Einwärtsbewegung aufgetragen. Die Dämpfungskraft wird als Funktion der Geschwindigkeit dargestellt.

Kennlinie „a" hat eine degressive, Kennlinie „b" eine lineare und Kennlinie „c" eine progressive Steigung. Wenn der Dämpfer die Eigenschaften von Kennlinie a, b oder c hat, führt dies bei bestimmten Geschwindigkeiten zu Problemen. Verschiedene Experimente haben gezeigt, daß die Kennlinie zwischen Geschwindigkeit und Dämpfung einen Kurvenverlauf haben soll, wie im Bild 11 dargestellt. Das Diagramm ist in 3 Abschnitte unterteilt. Im ersten Abschnitt kommt die Anregung des Dämpfers von einer glatten Fahrbahnoberfläche; im zweiten Abschnitt wird sie von einer rauhen und im dritten Abschnitt von einer welligen Fahrbahnoberfläche mit großen Unebenheiten angeregt. Im ersten Abschnitt muß die Kennlinie eine progressive, im zweiten Abschnitt eine degressive und im dritten Abschnitt wieder eine progressive Steigung haben.

1.6 Der kritische Dämpfungsfaktor

Der Dämpfungsfaktor ist ein Maß für die Kraft, die pro Geschwindigkeitsgröße benötigt wird, damit der Stoßdämpfer expandiert oder komprimiert. Die Einheit des Dämpfungsfaktors ist Ns/m und wird dargestellt mit dem Formelzeichen K.
Der kritische Dämpfungsfaktor ist der Faktor, bei dem die Masse nach einer Bewegung sofort in Ruheposition zurückkehrt. Der kritische Dämpfungsfaktor wird mit der Formel

$$K_{kr} = 2 \cdot (C \cdot m)^{1/2} \quad [\text{Ns/m}]$$

berechnet.
(C ist die Federkonstante in N/m, m ist die Masse in kg)

Mit Hilfe dieser Formel entsteht ein sogenannter symmetrischer Dämpfer mit einer linearen Kennlinie.
Symmetrisch bedeutet hier, daß die

Dämpfung der Einwärts- und der Auswärtsbewegung gleich ist. Hierdurch wird der Stoßdämpfer steife Eigenschaften haben. Die Folge ist, daß die Berechnung des Dämpfungsfaktors von Autostoßdämpfern eine sehr komplizierte Sache ist, so daß dieser Faktor häufig empirisch festgestellt wird.

Für Schienenfahrzeuge ist oben genannte Formel genau, weil man es hier mit einem Rad und einer Schiene zu tun hat; C_1 kann man dann Null setzen. Sogenannte „Bahnstoßdämpfer" sind im Prinzip sowohl in der Zug- als auch in der Druckstufe linear und symmetrisch.

Für Kraftfahrzeugstoßdämpfer ist es notwendig, daß was bei der Dämpfung der Einwärtsbewegung wegfällt, bei der Auswärtsbewegung dazukommt. Davon abgesehen sollten die Abweichungen der im Bild 11 angegebenen Kennlinie beachtet werden.

Die kritische Dämpfung ist auch in diesem Fall zu steif. Es gibt einen Zusammenhang zwischen dem Weg, der Masse und dem Faktor D. Die Berechnungsformel lautet:

$$K = 2 \cdot D \, (C \cdot m)^{1/2} \qquad [\text{Ns/m}]$$

Wenn die auftretenden Reibungskräfte der Luft, sonstige Reibungskräfte und der Wert der Konstante D Null gesetzt werden, wird das Fahrzeug bis ins Unendliche weiterschwingen. Das Diagramm dieser Schwingung sieht aus wie eine Sinuskurve (Bild 12).

Für $D=1$ entsteht eine Schwingung, die einen Verlauf hat, wie im Bild 13 dargestellt. Es gilt $\Delta X = 0$.

Dies heißt, daß für $X=1$ der kritische Dämpfungsfaktor nach der Auslenkung den Wert Null annimmt – kritische Dämpfung.

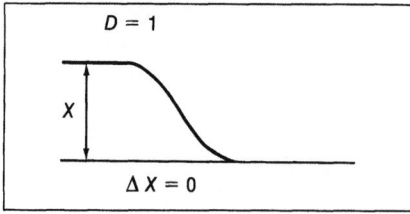
Bild 13

Für $D=0,2$ verläuft das Diagramm der Auslenkung wie im Bild 14 dargestellt. Nach der ersten Auslenkung, Weglänge X, verringert sich die Auslenkung der Feder um jeweils 50%; dies stellt sich heraus, wenn man das Diagramm im Bild 15, wo jeweils X und D auf den Achsen aufgetragen sind, betrachtet. Sucht man im Diagramm den zu $D=0,2$ gehörenden X-Wert, stellt man fest daß dieser $\Delta X = 0,5$ beträgt.

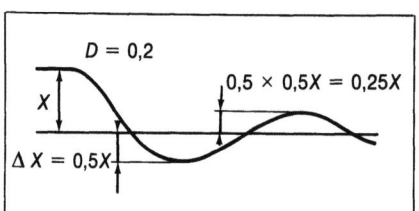
Bild 14

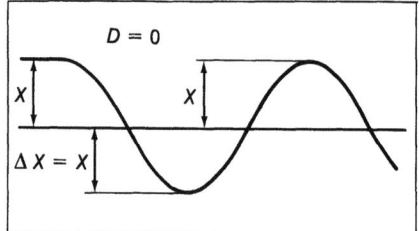
Bild 12

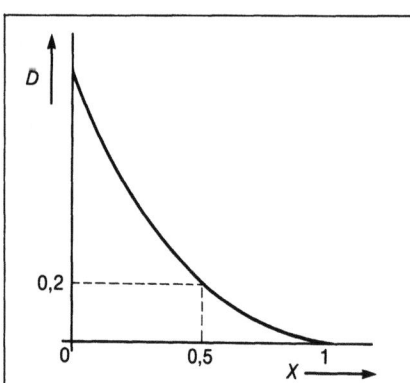
Bild 15

2 Arbeitsweise der Stoßdämpfer

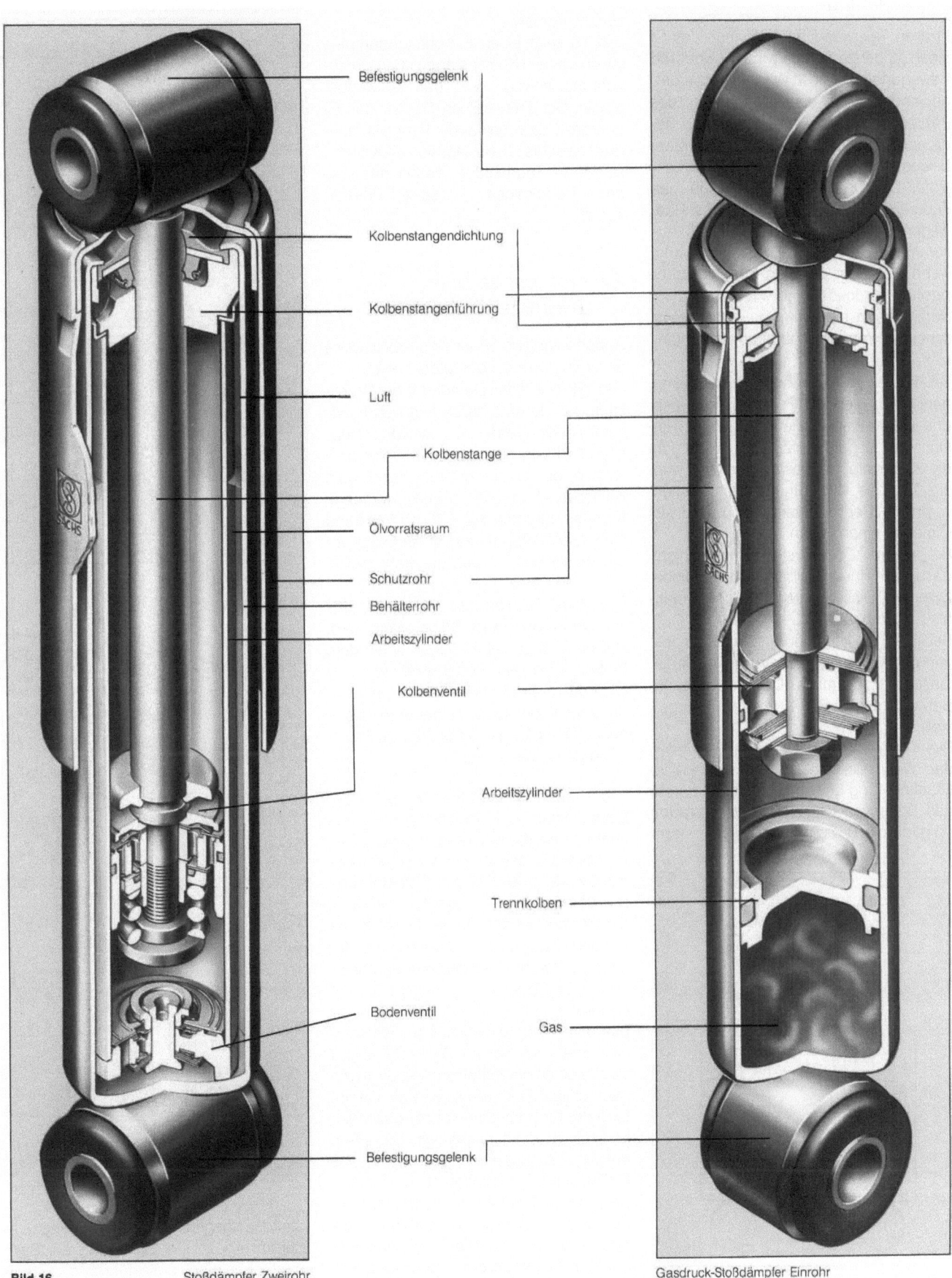

Bild 16   Stoßdämpfer Zweirohr   Gasdruck-Stoßdämpfer Einrohr

2.1 Einleitung

In allen Teleskop-Dämpfern muß das Öl einen Widerstand überwinden, wodurch Bewegungsenergie in Wärmeenergie umgewandelt wird; die Bewegungen des Fahrzeugaufbaus werden hierdurch gedämpft. Ein Stoßdämpfer kennt zwei Bewegungsabläufe: die Zug- und Druckstufe. Die Druckstufe wirkt, wenn das Feder-Dämpfer-System durch das Rad, wegen einer Fahrbahnunebenheit, zusammengedrückt wird. Die Zugstufe wirkt, wenn die Feder das Rad in seine Ruheposition zurückdrücken will.

Derzeit kann man zwei Bauarten unterscheiden: Zweirohrstoßdämpfer und Einrohrstoßdämpfer.

Die beiden Ausführungen funktionieren nach dem gleichen Prinzip. Der Kolben und die Kolbenstange bewegen sich in einem mit Öl gefüllten Zylinder. Wenn sich die Kolbenstange einwärts bewegt, wird ein Teil des Öls vom Stangenvolumen verdrängt. Der Dämpfer benötigt für diese Ölmenge einen Raum.

Bei einem Zweirohrstoßdämpfer dient dazu der Raum zwischen den beiden Zylindern. Diesen Raum bezeichnet man als Ölvorratsraum.

Bei einem Einrohrstoßdämpfer drückt das von der Kolbenstange verdrängte Öl ein Gaspolster zusammen. Die verschiedenen Bauarten sind in Bild 16 im Schnitt dargestellt.

Bild 17 stellt einen Zweirohrstoßdämpfer dar. Wenn sich die Kolbenstange (1) in Druckrichtung bewegt, wird das Öl durch das Bodenventil (2) zum Ölvorratsraum (3) gedrückt. Bewegt sich die Kolbenstange in Zugrichtung, kann das Öl wieder zurückströmen.

Bild 18 zeigt einen Einrohrstoßdämpfer. Wenn sich die Kolbenstange (1) in Druckrichtung bewegt, wird das Öl weggedrückt. Der Trennkolben (2), der das Öl und das Gas voneinander trennt, komprimiert das Gas (3). Bewegt sich die Kolbenstange in Zugrichtung, drückt das Gas den Trennkolben in seine Position zurück.

2.2 Arbeitsweise eines Zweirohrstoßdämpfers

Anhand von Bild 19 wird die Arbeitsweise eines Zweirohrstoßdämpfers erklärt.

Bild 19(a) stellt den Dämpfer in der Druckstufe dar; der Kolben bewegt sich relativ zum Arbeitszylinder (2) einwärts. Jetzt strömt Öl von einer Kammer unter dem Kolben durch die Bohrung und dem Kolbenventil in eine größer werdende Kammer oberhalb des Kolbens. Während dieser Kolbenbewegung ist der Druck vor und hinter dem Kolben ungefähr gleich.

Zur Kompensation des Volumens, das von der Kolbenstange (3) verdrängt wird, strömt Öl aus der Kammer unter dem Kolben über ein Bodenventil (4) zum Ölvorratsraum (5). Der Ölstrom überwindet einen Widerstand, die dadurch entstehende Dämpfungskraft bremst die Bewegung des Kolbens ab.

Bild 19(b) stellt den Stoßdämpfer in der Zugstufe dar. Der Kolben bewegt sich jetzt relativ zum Arbeitszylinder auswärts. Das Öl oberhalb des Kolbens wird komprimiert, wodurch ein Teil durch die Bohrung und das Kolbenventil in die Kammer unter dem Kolben strömt. Der Widerstand, der auf den Ölstrom wirkt, ist maßgebend für die dämpfende Kraft des Stoßdämpfers.

Außerdem strömt Öl über das Bodenventil aus dem Ölvorratsbehälter zu der Kammer unter dem Kolben: Dieses Öl ersetzt das Volumen der Kolbenstange. Stellt sich nach einiger Zeit heraus, daß die Dämpfung des Stoßdämpfers kleiner geworden ist, ist eine Korrektur bei einigen Dämpfern möglich. Zu diesem Zweck wird eine Stellmutter auf der Kolbenstange nachgestellt. Dadurch werden eine oder mehrere Bohrungen zugedreht und/oder die Spannung der Ventilfeder erhöht, wodurch das Ventil bei einem höheren Druck schaltet. Dem Öl steht ein höherer Widerstand entgegen, was die Dämpfung wiederum erhöht. Die Einstellung der Stellmutter ist einfach auszuführen; dazu muß der Kolben in seiner untersten Stellung

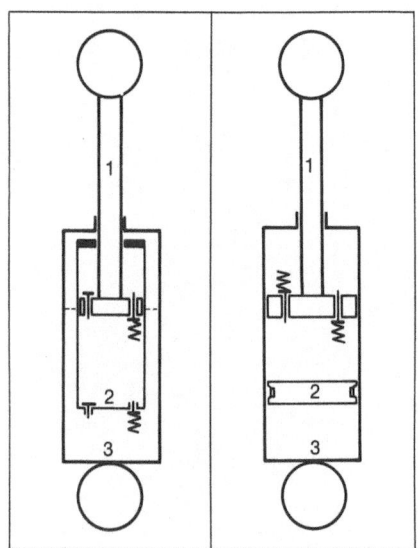

Bild 17   Bild 18

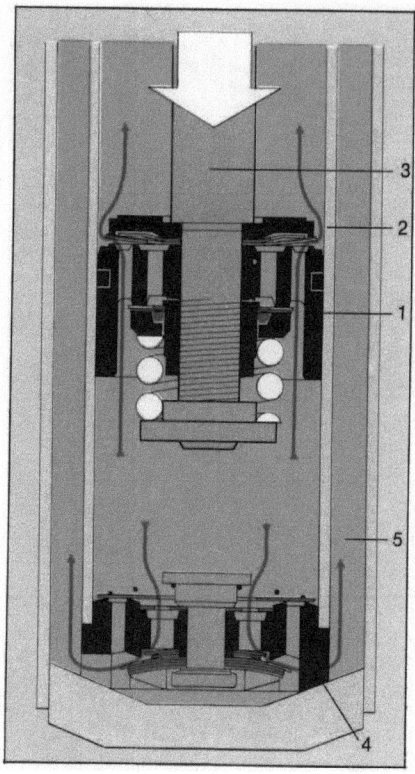

Bild 19 (a)
(b)

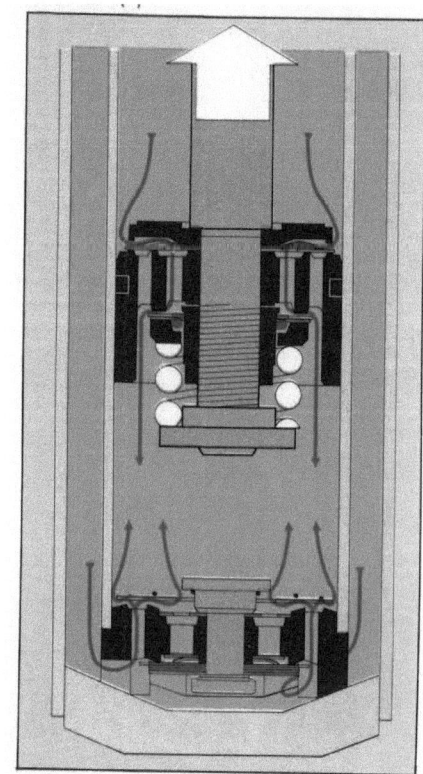

positioniert werden. Nocken der Stellmutter fallen hierbei in die Aussparungen des Gehäuses des Bodenventils. Wenn die Kolbenstange anschließend rechtsherum gedreht wird, nimmt die Dämpfung des Stoßdämpfers zu. Eine Drehung linksherum verringert die Dämpfung des Stoßdämpfers. Bild 20 zeigt eine derartige Konstruktion. In Bild 21 wurde zum Beispiel eine Prüfungskennlinie von einem einstellbaren Stoßdämpfer dargestellt. Die Diagramme I und II zeigen die Dämpfungsgröße eines nicht eingestellten Dämpfers während niedriger und hoher

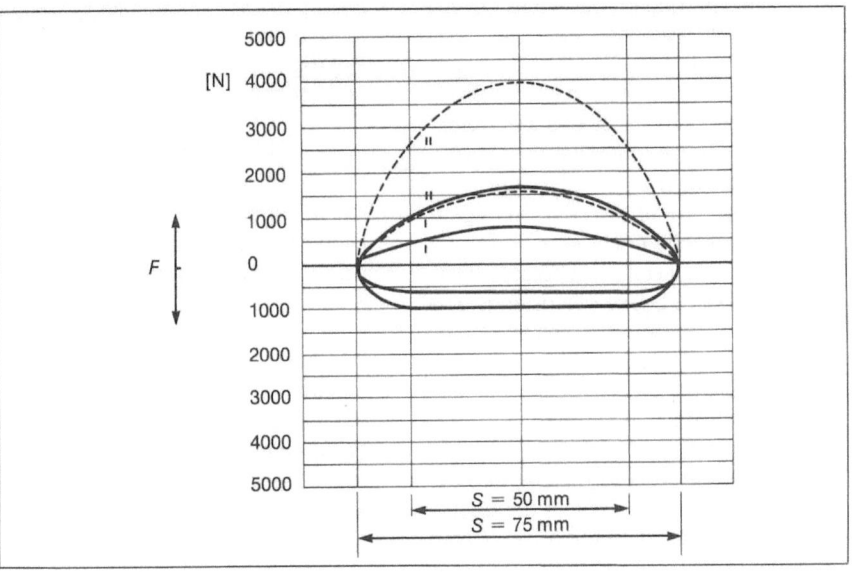

Bild 21

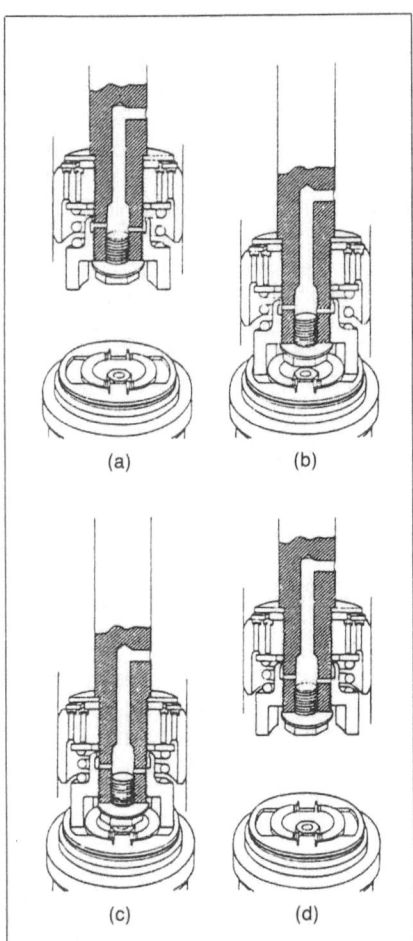

Bild 20

Geschwindigkeit unter sonst gleichen Bedingungen. Die gestrichelten Linien gehören zu einem Stoßdämpfer, der unter gleichen Testbedingungen nachgestellt wurde.

2.3 Die Arbeitsweise eines Einrohrstoßdämpfers

Der Einrohrdämpfer besteht aus einem Zylinderrohr (1), Bild 22. In diesem Zylinder bewegen sich Kolbenstange (4) mit Arbeitskolben, in dem sich das Kolbenventil (2) befindet, und der Trennkolben (3). Auffallend ist, daß ein Behälterrohr wie im Zweirohrstoßdämpfer nicht eingebaut ist. Die Vorteile des Einrohrstoßdämpfers liegen damit in dem größeren Durchmesser des Zylinders und des Arbeitskolbens.

Unterhalb des beweglichen Trennkolbens (1) befindet sich ein Gas mit einem Druck von 25–30 bar.
Bild 22(a) stellt den Dämpfer in der Druckstufe dar. Die Kolbenstange preßt den

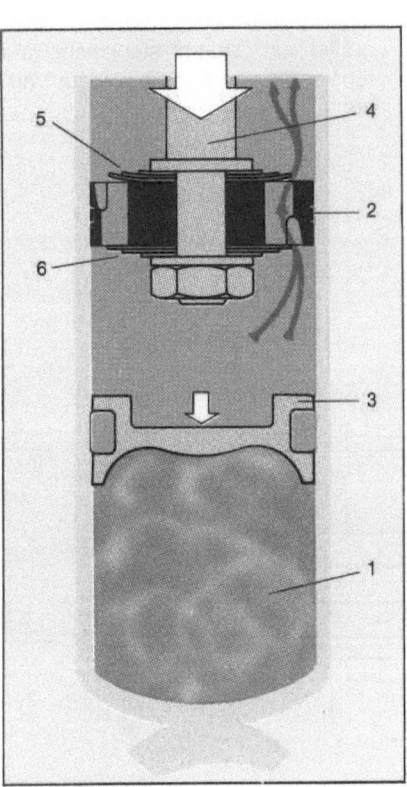
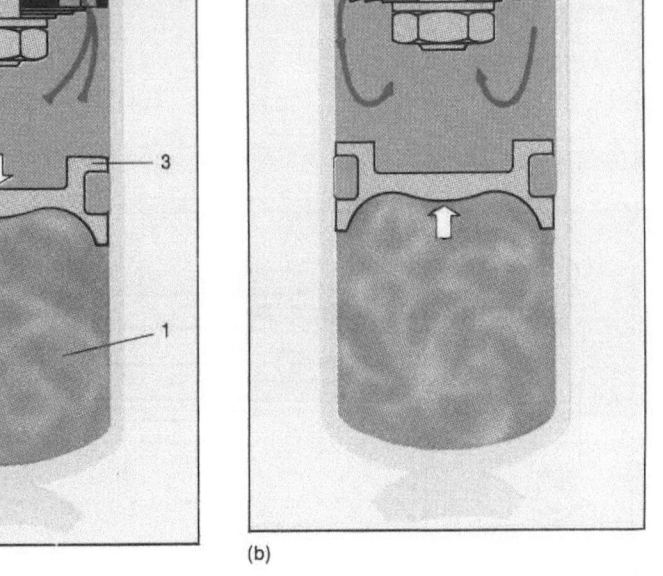

Bild 22 (a)　　　　　　　　　　　　　(b)

Arbeitskolben gegen das unter Druck stehende Öl. Weil das Öl durch eine Bohrung und das Einlaßventil strömt, entsteht ein Druckunterschied; der Druck oberhalb des Arbeitskolbens wird niedriger als der Druck unterhalb des Arbeitskolbens. Aus dem Druckunterschied multipliziert mit dem Flächeninhalt der ringförmigen Oberfläche ergibt sich die Dämpfung der Druckstufe. Außerdem wird, durch die einfahrende Kolbenstange eine bestimmte Menge Öl verdrängt, der Trennkolben ein kleines Stück verschoben, wodurch der Gasdruck unter dem Trennkolben steigt.

In der Zugstufe, siehe Bild 22(b), wird der Arbeitskolben von der Kolbenstange mitgezogen. Das Öl strömt von der oberen Kammer durch die Bohrung und das Kolbenventil in die untere Kammer. Der dadurch entstandene Druckunterschied multipliziert mit dem Flächeninhalt der ringförmigen Oberfläche des Kolbens ergibt die Dämpfung in der Zugstufe. Durch die aus dem Zylinder ausfahrende Kolbenstange verschiebt sich der Trennkolben, der Gasdruck wird kleiner.

2.4 Der Zweirohr- und der Einrohrstoßdämpfer

Vergleicht man die beiden wichtigsten Stoßdämpfertypen miteinander, kann man folgendes feststellen:

– Beim Zweirohrstoßdämpfer ist die innere Reibung geringer als beim Einrohrstoßdämpfer. Dadurch erhöht sich seine Lebensdauer.

– Beim Zweirohrstoßdämpfer kann, im Gegensatz zu dem Einrohrstoßdämpfer, eine größere Anzahl von Dämpferkennlinien eingestellt werden, weil sowohl ein Bodenventil als auch ein Kolbenventil eingebaut ist.

– Der Zweirohrstoßdämpfer kann kürzer gebaut werden als der Einrohrstoßdämpfer. Ein Einrohrstoßdämpfer wird bei gleicher Weglänge immer länger sein als ein Zweirohrstoßdämpfer, weil sich zusätzlich unter dem Trennkolben das Gasvolumen befindet.

– Der Einrohrstoßdämpfer hat eine genauere Dämpfungskennlinie, weil er weniger Ventile und Bohrungen besitzt als ein Zweirohrstoßdämpfer.

– Weil in einem Einrohrstoßdämpfer weniger Öl durch die Ventile und die Bohrungen strömt, sind die akustischen Eigenschaften des Einrohrstoßdämpfers besser.

– Weil der Einrohrstoßdämpfer nur einen Zylinder hat, kann der Durchmesser des Arbeitszylinders und des Kolbens größer sein. Dadurch steht mehr Raum für Ventile und Bohrungen zur Verfügung.

2.5 Stoßdämpfer für luftgefederte Fahrzeuge

Im Prinzip gleicht die Arbeitsweise eines Stoßdämpfers in luftgefederten Fahrzeugen der Arbeitsweise anderer Federsysteme. Da ein Luftfeder-System, im Gegensatz zu einem Stahlfeder-System, selbst eine progressive Arbeitsweise hat, muß das Arbeitsprinzip angepaßt werden. In einem Zeitraum von ungefähr 40 s wird die Federung dauernd angepaßt. Im Bild 23 ist dieser Aufbau schematisch dargestellt. Eine Leitung verbindet den Dämpfer mit der Druckluft vom Federsystem. In der Rohrleitung ist ein Druckpuffer eingebaut, wodurch eine Laufzeit im System entsteht. Diese Laufzeit verhindert, daß die Stelleinheit, dadurch daß sie auf jede Druckänderung im System reagiert, schnell verschleißt. Im Dämpfer ist ein Regelmechanismus, der mit Hilfe des Druckes verstellt wird; dadurch können im Dämpfer ein oder mehrere Kanäle geschlossen oder geöffnet werden. Wenn ein Kanal geschlossen wird, erhöht sich die Dämpfung, wenn ein Kanal geöffnet wird, verringert sich die Dämpfung. Wenn die gefederte Masse m_2 verdoppelt wird, würde die Formel bei normaler Federung:

$$K = 2 \cdot D \, (C \cdot m)^{1/2} = x \qquad (1)$$

hergeleitet werden zu:

$$K = 2 \cdot D \, (C \cdot m)^{1/2} = 1{,}4 \, x \qquad (2)$$

Dies bedeutet, daß sich die Federkonstante (C) nicht geändert hat. Wenn die Ergebnisse der Formeln (1) und (2) gemittelt werden, ergibt sich dann:

$$(x + 1{,}4 \, x)/2 = 1{,}2 \, x \qquad (3)$$

Die entstandene maximale Abweichung von 20% für ein leeres Fahrzeug (1,2 · x statt x) und 14% für ein beladenes Fahrzeug, ist durchaus zu akzeptieren. Der Fehler minimiert sich, wenn 1,17 · x eingesetzt wird. In diesem Fall ist das leere Fahrzeug 17% zu hart gefedert (1,17 · x statt x) und wenn das Fahrzeug beladen ist, ist es 17% zu weich gefedert (1,17 · x statt 1,4 · x).

Für eine progressive Feder kann abgeleitet werden:

$$K = 2 \cdot D \, (2C \cdot 2m)^{1/2} = 2 \, x \qquad (4)$$

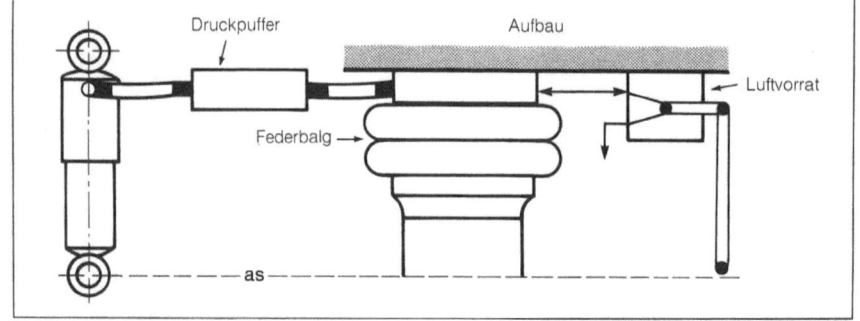

Bild 23

Wenn die Ergebnisse der Formeln (1) und (4) gemittelt werden, ergibt sich dann:

$$(x + 2\ x)/2 = 1{,}5\ x \qquad (5)$$

Dies bedeutet, daß das Ergebnis 50% ($1{,}5 \cdot x$ statt x) zu steif im Falle eines leeren Fahrzeuges und 25% ($1{,}5 \cdot x$ statt $2 \cdot x$) zu weich ist im Falle eines beladenen Fahrzeuges. Diese Abweichung wird minimal, wenn $1{,}33 \cdot x$ eingesetzt wird. Sie ist jedoch in vielen Fällen nicht mehr zulässig.

Man kann also feststellen, daß im belasteten Zustand die Dämpfung zu gering sein wird und im unbelasteten Zustand zu groß; dies ist der Grund für eine andauernde Anpassung der Dämpfungskraft mit dem im Bild 23 dargestellten lastabhängigen Stoßdämpfer.

3 Bauarten der Stoßdämpfer

Im letzten Kapitel sind die Standardausführungen der Einrohr- und Zweirohrstoßdämpfer behandelt worden. Bild 24 zeigt nochmals einen Einrohrstoßdämpfer im Schnitt.

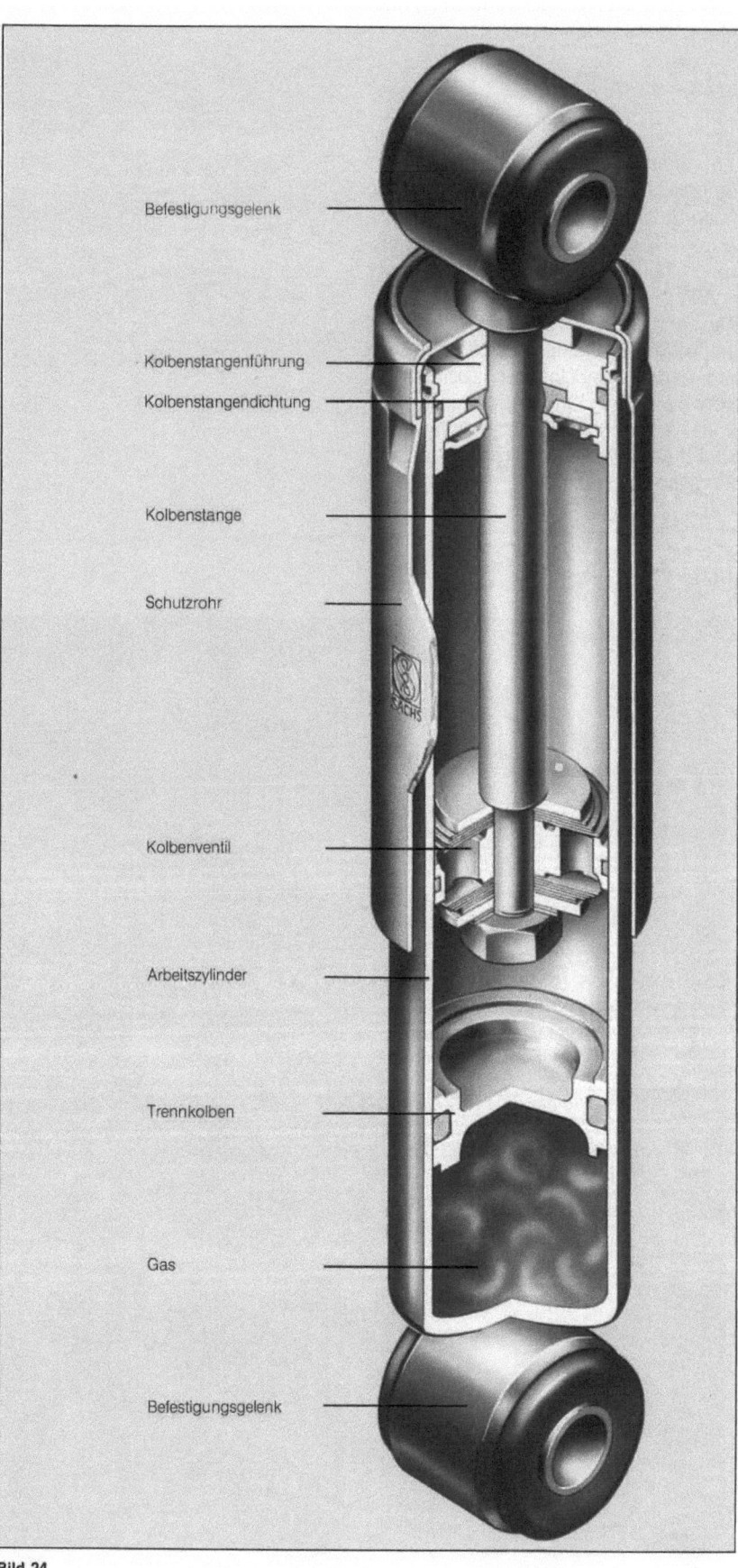

Bild 24

Bauarten der Stoßdämpfer

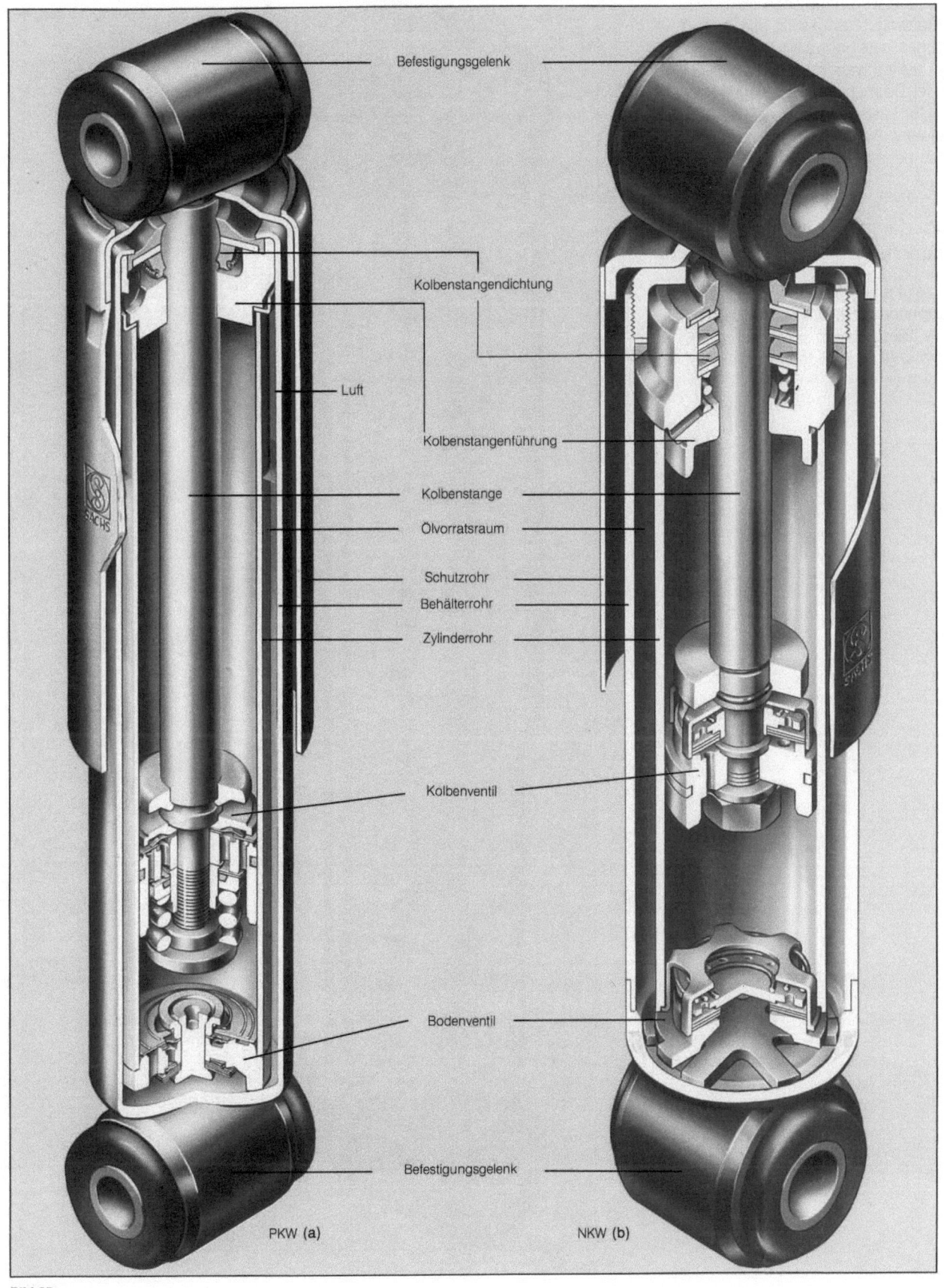

Bild 25

Bauarten der Stoßdämpfer

Bild 25 zeigt zwei unterschiedliche Zweirohrstoßdämpfer. Die in Bild 25(a) dargestellte Bauart wird hauptsächlich in Personenkraftwagen eingesetzt; die in Bild 25(b) abgebildete Bauart wird hauptsächlich in Lastkraftwagen und Autobussen verwendet. Deutlich ist die schwerere Ausführung für Lastkraftwagen zu erkennen. Nachfolgend werden einige besondere Bauarten behandelt.

3.1 Stoßdämpfer mit variabler Dämpfung

Bild 26 zeigt einen Stoßdämpfer, dessen Arbeitszylinder mit *bypass-Nuten* ausgestattet ist. Diese Bauart sorgt dafür, daß die Dämpfung des Stoßdämpfers variabel erfolgt.

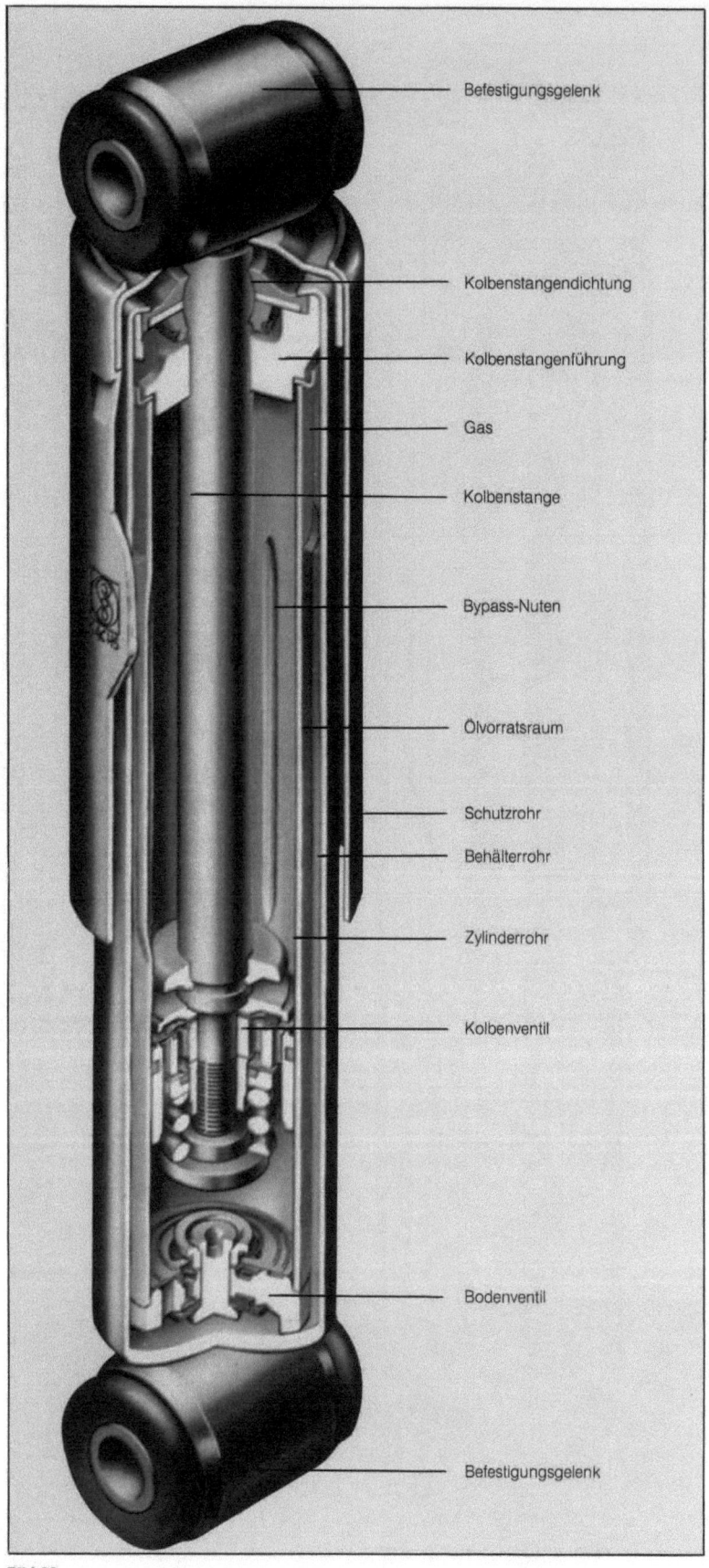

Bild 26

In Bild 27 wird erklärt, wie die variable Einstellung der Dämpfung funktioniert.

Die Funktion des Dämpfers gleicht vorher größtenteils dem beschriebenen Zweirohrstoßdämpfer; der einzige Unterschied ist die Funktion der *bypass-Nuten*.
In Bild 27(a) und 27(b) befindet sich der Kolben in einer Stellung, die der eines leicht beladenen Fahrzeugs entspricht. Wie wir feststellen können, kann das Öl in der Druckstufe (a) als auch in der Zugstufe (b) über die Bohrungen und die Ventile und zusätzlich über die *bypass-Nuten* strömen. In dieser Stellung hat der Dämpfer eine geringere Dämpfung. Bild 27(c) und (d) zeigt den Kolben in einer Stellung, die einem schwer beladenen Fahrzeug entspricht. Der Kolben befindet sich jetzt unterhalb der *bypass-Nuten*, das Öl kann nur noch durch die Bohrung und das Kolbenventil fließen. Die Dämpfungsleistung ist dadurch höher, was dem Zustand eines beladenen Fahrzeuges entspricht.

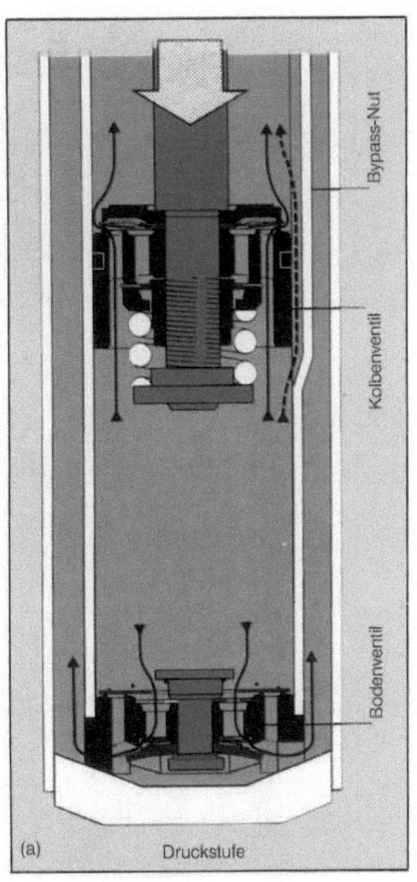
(a) Druckstufe

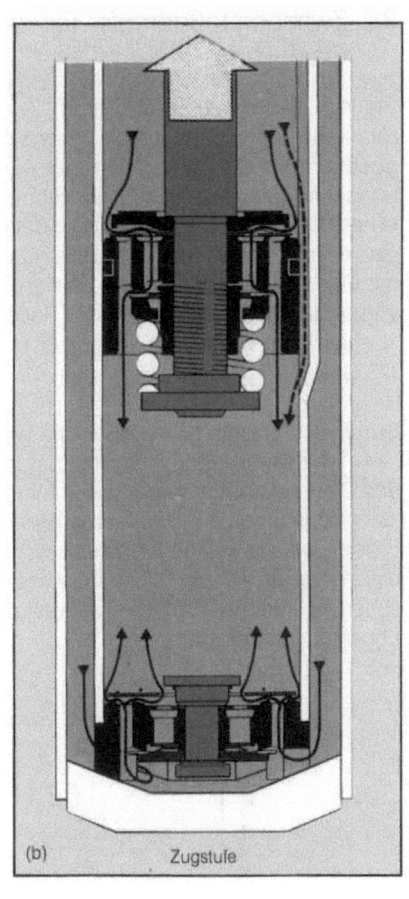
(b) Zugstufe

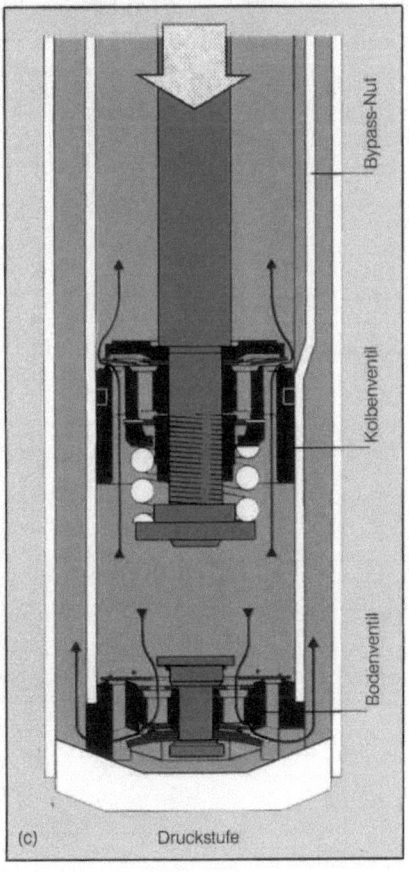
(c) Druckstufe

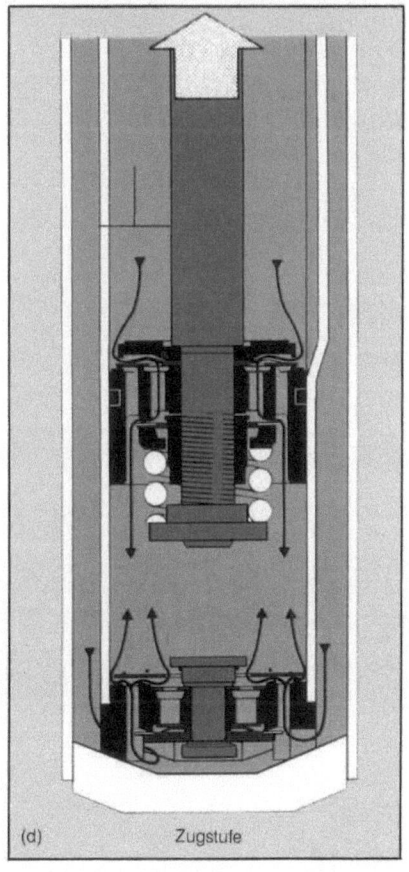
(d) Zugstufe

Bild 27

3.2 Zweirohrstoßdämpfer mit Gasfüllung

Bis jetzt haben wir ausschließlich Zweirohrstoßdämpfer behandelt, in denen sich oberhalb des Öls im Augleichsraum des Behälterrohres Luft unter atmosphärischem Druck befand. Bild 28 zeigt dagegen einen Dämpfer, der anstelle von Luft mit Gas gefüllt ist, das einen Überdruck von ungefähr $6 \cdot 10^5$ bis $8 \cdot 10^5$ Pa hat. Im Ausgleichsraum befinden sich 2/3 Öl und 1/3 Gas.

Durch den Gasdruck im Ölbehälter wird eine Ölblasenbildung (Verschäumung des Öles) verhindert. Diese Blasen führen zur sogenannten Hohlraumbildungs-Erosion, was in vielen Fällen zur Beschädigung beweglicher Teile und Geräuschen im Dämpfer führt. Dies verkürzt die Lebensdauer des Dämpfers.

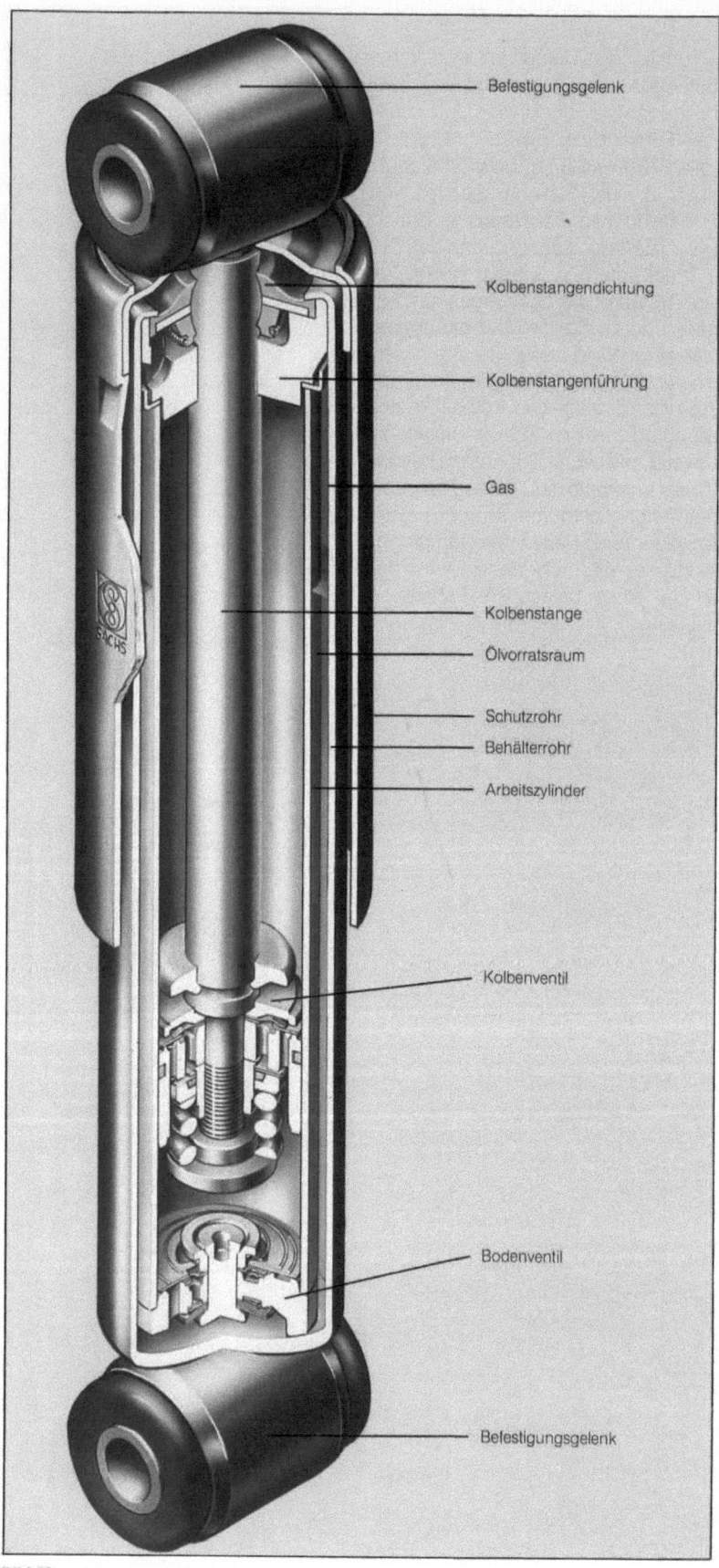

Bild 28

3.3 Stoßdämpfer mit Niveaueinstellung

Die Stoßdämpfer in Bild 29 unterscheiden sich von den vorherigen Dämpfern hauptsächlich dadurch, da die Dämpfer einen Gummirollbalg haben. Der Raum im Schutzrohr wird dadurch von der Umgebung abgedichtet. Über eine Öffnung im Schutzrohr kann der Druck im Schutzrohr eingestellt werden. Die Luft wird über ein zentrales Ventil, das vergleichbar ist mit einem Autoreifenventil, reguliert. Die Luftsäule im Luftfederraum übernimmt einen Teil der Federung und kann als Lufthilfefeder bezeichnet werden. Wenn das Kraftfahrzeug beladen wird, wird das alte Niveau wieder eingestellt, indem sich durch zusätzliche Luft der Druck im Dämpfer erhöht.

Vorteile beim Gebrauch dieses Stoßdämpfers bei schwer beladenen Fahrzeugen sind:
- Die Lenkfähigkeit des Fahrzeuges wird weniger beeinträchtigt, weil die Lenkgeometrie nicht beeinflußt wird.
- Es besteht keine Gefahr, daß ein entgegenkommendes Fahrzeug bei starker Heckbeladung geblendet wird.
- Da der volle Federweg erhalten bleibt, verringert sich die Gefahr eines Anschlagens auf den Endanschlägen der Federung.
- Die Bodenfreiheit des Fahrzeugaufbaus bleibt ausreichend groß.

3.4 Stoßdämpfer in sportlichen Ausführungen

Bild 30 stellt einen Sportstoßdämpfer dar. Dieser ist für Fahrzeuge, wie z. B. für Rallye- und Straßenrennwagen auf Rennstrecken, gedacht, die sportliche Leistungen bringen müssen.

Bei diesem Sport-Satz werden zu den vier Stoßdämpfern die passenden Federn mitgeliefert, damit Federung und Dämpfung richtig aufeinander abgestimmt sind. Durch die speziellen Federn wird eine Tieferlegung des Fahrzeugaufbaus erreicht.

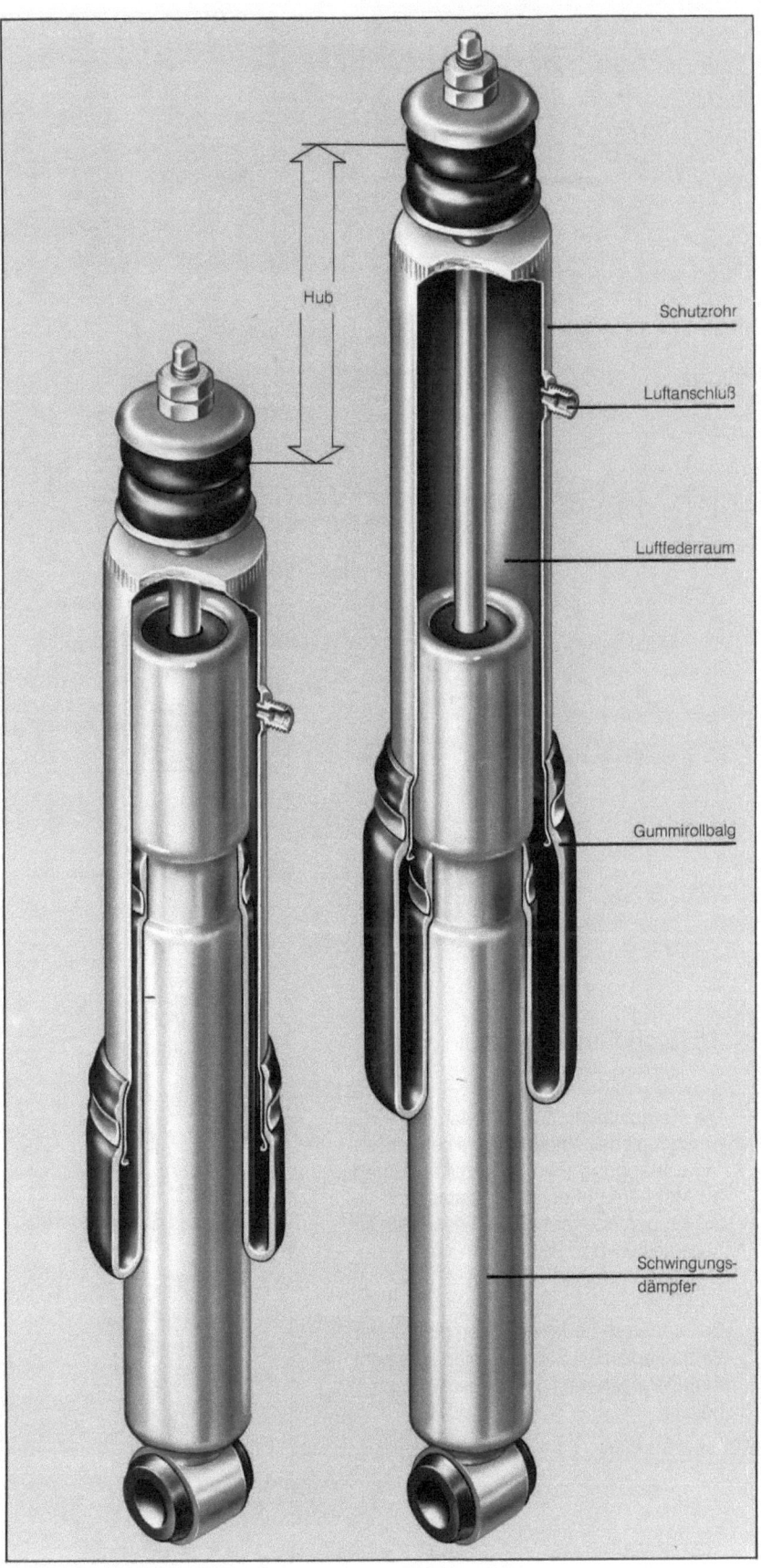

Bild 29

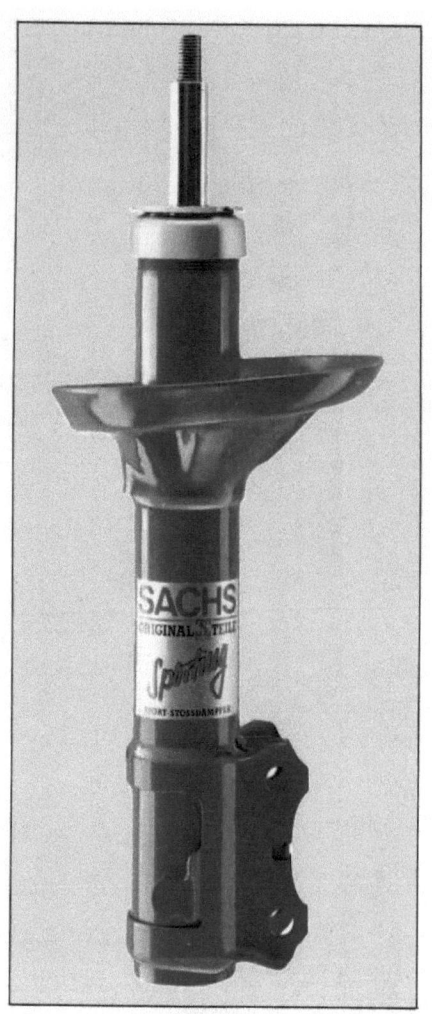

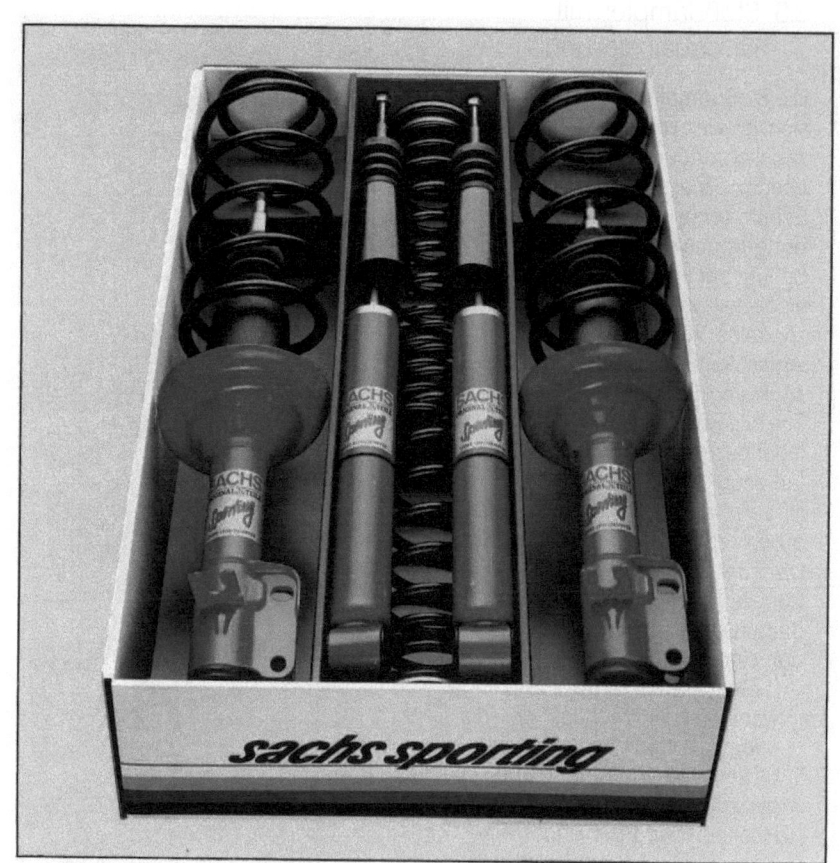

3.5 Stoßdämpfer kombiniert mit einem Federbein

Die Kombination aus Stoßdämpfer und Fahrzeugfeder, eingebaut in einer Vorderradaufhängung (Bild 3), bezeichnet man als McPherson-Federbein. Dabei ruht die Schraubenfeder auf einem Federteller. Im allgemeinen bezeichnet man diese Konstruktion kurz mit Federbein.

Bei anderen Bautypen oder geänderter Einbaulage der Schraubenfeder spricht man dagegen häufig von einem Dämpferbein.

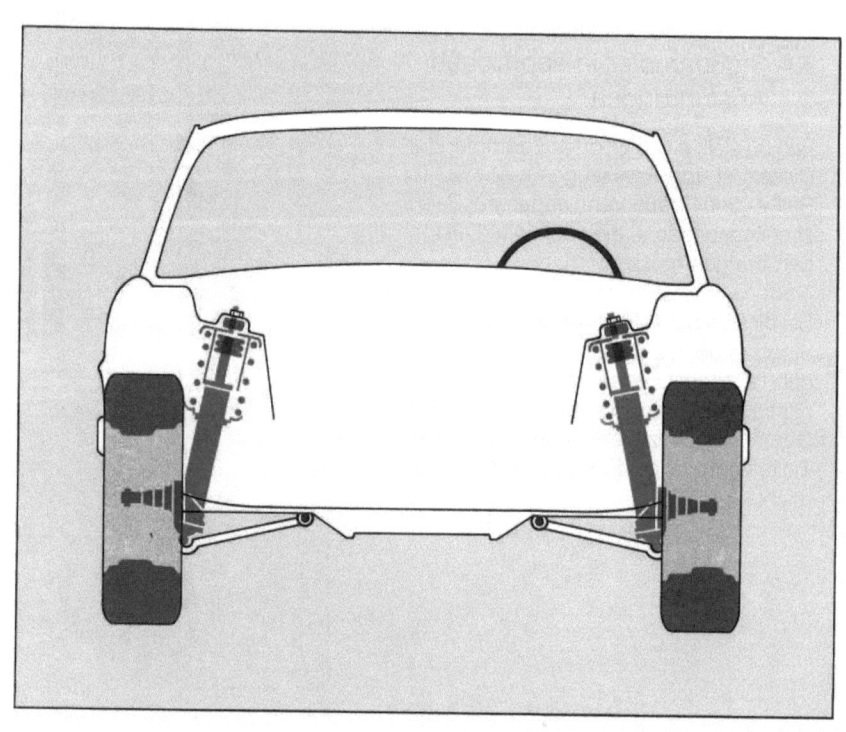

Bild 32 zeigt den Aufbau eines Federbeines im Schnitt. Ein elastisches Gummilager verbindet die Kolbenstange am Stiftgelenk mit der Fahrzeugkarosserie. Die Unterseite des Behälterrohrs wird mit der Radaufhängung durch einen Achsschenkel verbunden. Das Behälterrohr und der Arbeitszylinder drehen sich beim Lenken wie ein Scharnier um den Kolben und die Kolbenstange.

Durch eine stabilere Konstruktion (z. B. stärkere Kolbenstange) als bei gewöhnlichen Stoßdämpfern kann diese Stoßdämpferart alle Kräfte, die beim Bremsen und Fahren auftreten, aufnehmen.

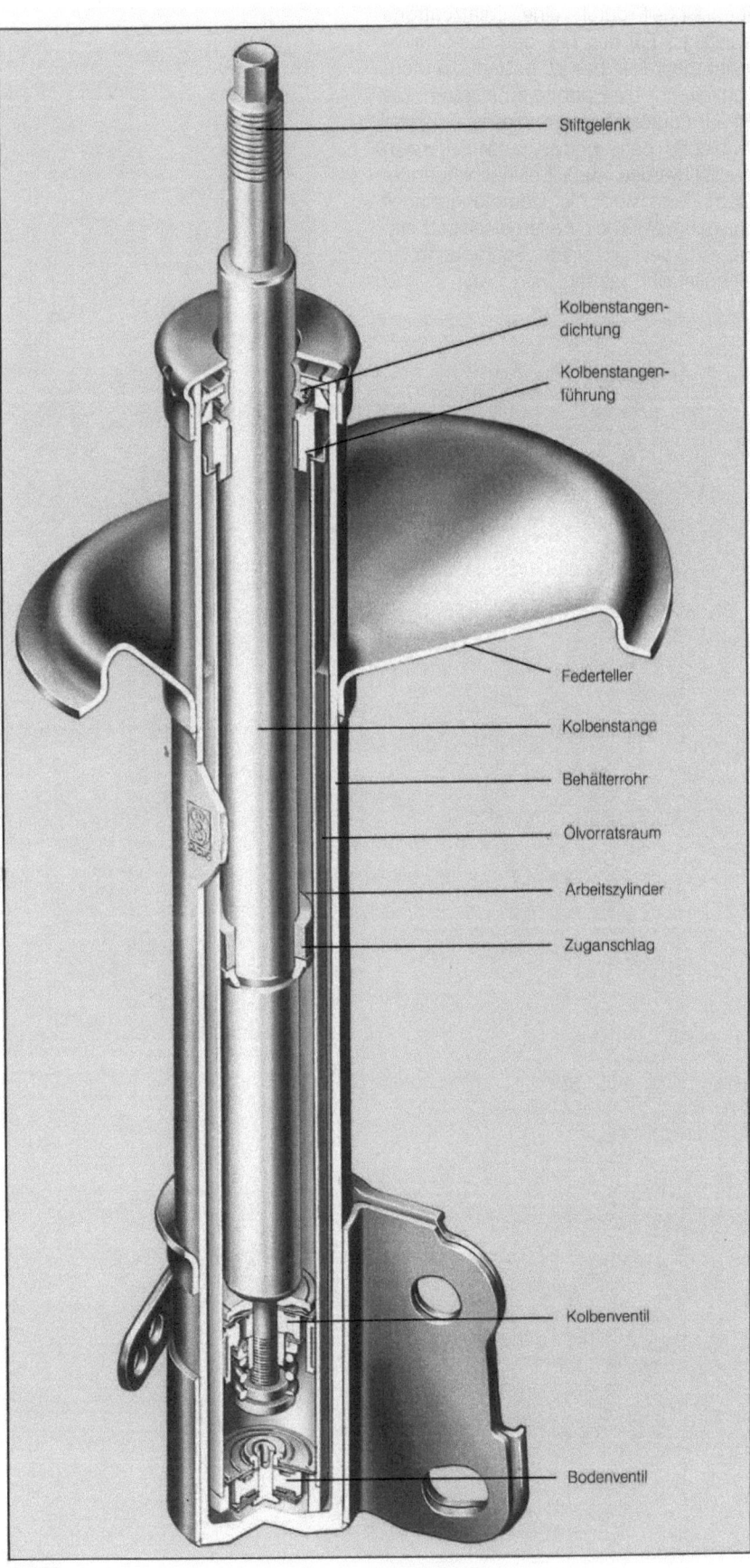

Bild 32

Bild 33 zeigt ein Federbein, dessen Dämpfungseinheit durch eine Ersatzpatrone ersetzt ist. Für den Fall, daß das Original nicht mehr lieferbar ist, besteht die Möglichkeit, nur die Patrone zu ersetzen. Die Reparaturkosten sind in diesem Fall relativ niedrig, da nicht das ganze Federbein ersetzt werden muß. Bei nachlassender Dämpfkraft wird die Dämpfungseinheit ausgebaut und ein Federbeineinsatz eingesetzt, der mit einem Schraubring im Behälterrohr befestigt wird.

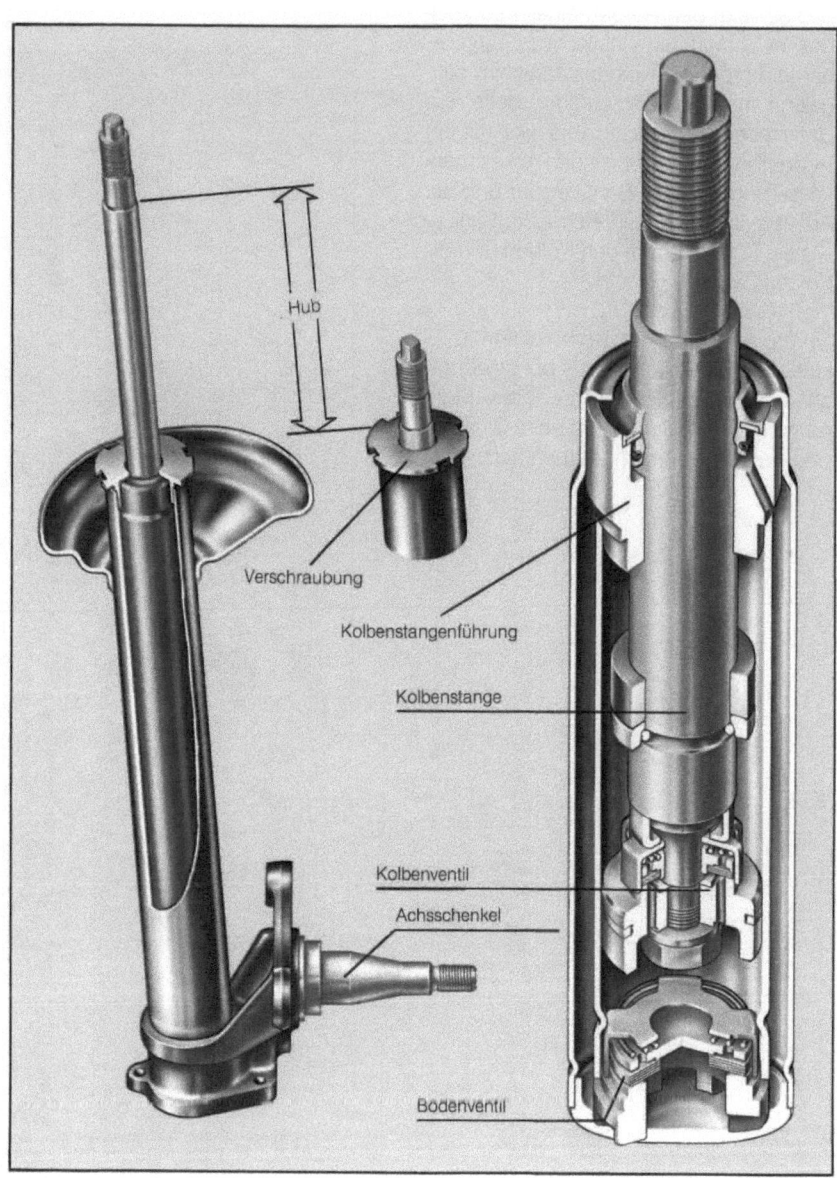

Bild 33

Bauarten der Stoßdämpfer

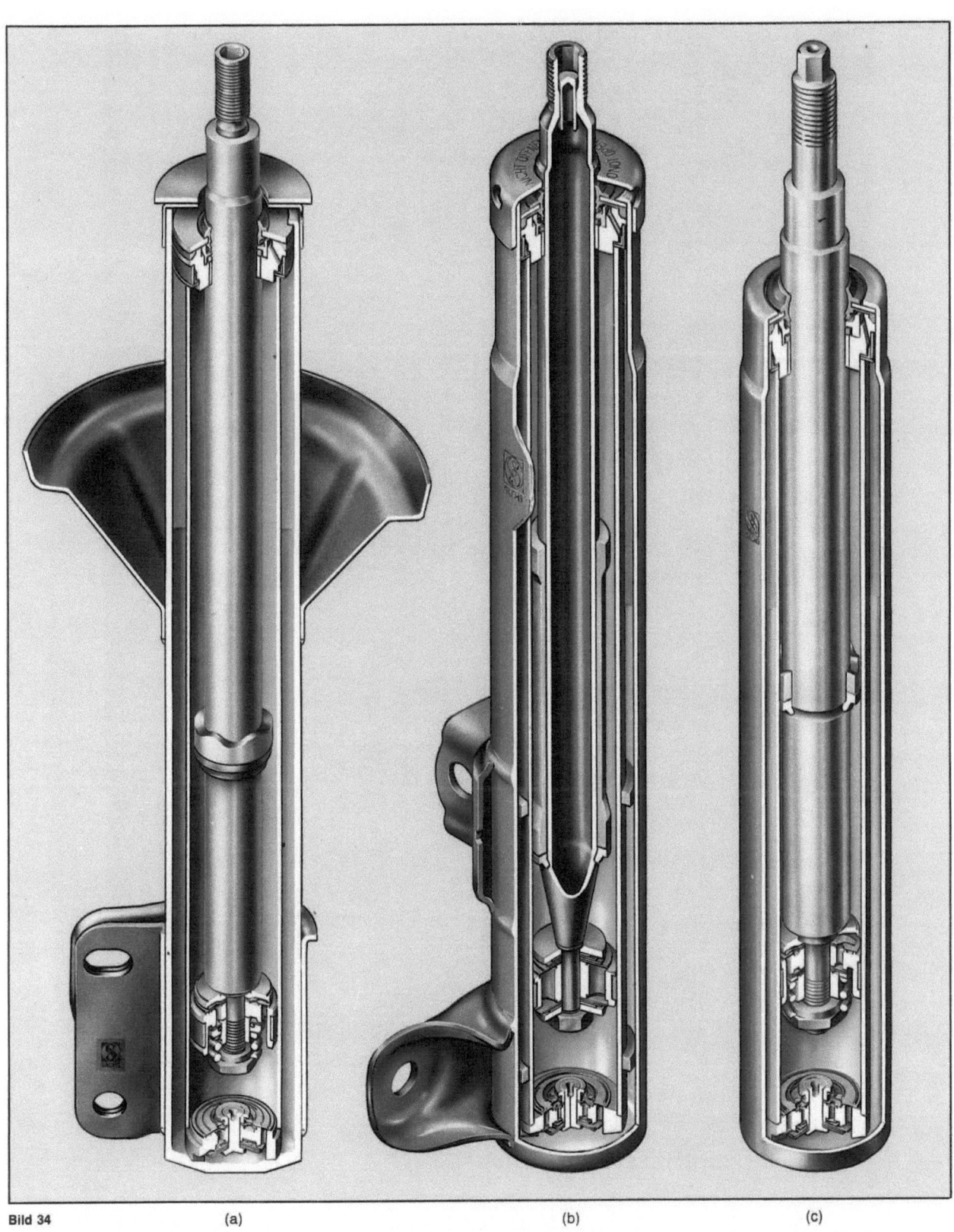

Bild 34 (a) (b) (c)

Bild 34 stellt drei mögliche Dämpferbauarten dar, deren Ausgleichsraum mit Gas angefüllt ist. Bild 34(a) zeigt ein Federbein, Bild 34(b) ein Dämpferbein und Bild 34(c) einen Federbeineinsatz.

Bauarten der Stoßdämpfer

4 Prüfen der Stoßdämpfer

Die Lebensdauer eines Stoßdämpfers ist von vielen Faktoren abhängig:
- vom Straßenzustand
- von der Beladung
- von der Kilometerleistung
- von der Fahrweise
- von Umwelteinflüssen (Kälte, Hitze, Staub, Schmutz- und Salzwasser)

Deshalb läßt sich die Lebensdauer weder nach Gebrauchsjahren noch nach gefahrenen Kilometern festlegen.

Im Bild 35 wird der Stoßdämpfer mit der Hand geprüft.
Hier wird versucht, durch Auseinanderziehen und Zusammendrücken des Stoßdämpfers die Funktionstüchtigkeit zu prüfen. Dies ist leider eine häufig angewandte, aber völlig unzureichende Methode. Bestenfalls können auf diese Weise völlig funktionslose Stoßdämpfer erkannt werden. Auch ein Wertungsvergleich zwischen neuen Stoßdämpfertypen ist so nicht möglich.

Bild 35

Im Bild 36 wird der Stoßdämpfer durch Wippen geprüft.
Mit der sogenannten Wippmethode soll durch kräftiges Belasten des Fahrzeuges von Hand an einem Kotflügel und anschließendem plötzlichen Loslassen der dort befindliche Stoßdämpfer geprüft werden. Die Dauer der Nachschwingungen soll Aufschluß über die Funktionsfähigkeit des Stoßdämpfers geben. Auch diese Prüfung muß noch als unzureichend bezeichnet werden.

Der Sicherheitsbereich der Zug- und Druckkräfte wird auch beim „Wippen" nicht erreicht. Außerdem ist jede Beurteilung subjektiv, da die Bewertung viel zu stark von den Fachkenntnissen des Prüfenden abhängt.

Der Stoßdämpfer läßt sich auch durch Augenscheinnahme und durch Fahrvergleich prüfen.

Deutliche Ölspuren (also nicht der normale Öldunst) weisen in jedem Fall auf eine defekte Dichtung und somit auf einen unbrauchbaren Stoßdämpfer hin. Andere Dämpferschäden sind hierbei jedoch nicht feststellbar. Springende Räder – von einem nebenherfahrenden Fahrzeug beobachtet – zeigen eine nachlassende Dämpfkraft an. Muldenförmige Auswaschungen am gesamten Umfang des Reifens sind die Folge von springenden Rädern. Der Fahrvergleich mit einem Fahrzeug gleichen Typs, aber mit neuen Stoßdämpfern ausgestattet, gibt Aufschluß darüber, ob die Dämpfer im eigenen Fahrzeug bereits Leistungsverluste haben.

Bild 36

Bild 37

Im Bild 38 wird der Stoßdämpfer mit dem Shocktester geprüft.

Der Shocktester prüft die Stoßdämpfer in wenigen Minuten. Da bei diesem Test die Stoßdämpfer eingebaut bleiben können, ist diese Prüfmethode ohne großen Aufwand zu realisieren.

Hier werden Schwingungsausschläge in Diagrammen aufgezeichnet und mit den für jedes Fahrzeug separat festgelegten Grenzwerten verglichen. Auch wenn sich Einflüsse des übrigen Fahrwerks nicht ganz herausfiltern lassen, erhält man einen recht sicheren Aufschluß über den Stoßdämpferzustand und damit die Verkehrssicherheit des Fahrzeuges.

Im Bild 39 wird der Stoßdämpfer im ausgebauten Zustand geprüft.

Durch die Kontrolle im ausgebauten Zustand auf einer Stoßdämpfer-Meßeinrichtung kann exakt ermittelt werden, wie hoch die Dämpferkräfte in Zug- und Druckrichtung liegen.

Da bei dieser Prüfung die Stoßdämpfer ausgebaut werden müssen und zudem die Meßeinrichtung sehr teuer ist, wird ein Einsatz in der Kfz-Werkstatt uninteressant.

Derartige Prüfgeräte sind also nur für Entwicklungs- und Qualitätssicherungsbereiche sinnvoll.

Bild 38

Bild 39

5 Mängel an Stoßdämpfern und Radaufhängungen

5.1 Mängel am Stoßdämpfer

Die nachfolgenden Bilder zeigen Mängel an Stoßdämpfern, die auf Defekte an der Radaufhängung zurückzuführen sind. Die Ursachen werden analysiert und Vorschläge zu Problemlösungen gemacht.

Im Bild 40 ist ein Stoßdämpfer dargestellt, dessen Öldichtung verschlissen ist. Langer Einsatz und/oder große Belastung der Kolbenstange können die Ursache dafür sein, daß die Kolbenstangendichtung verschlissen ist. Auf Dauer wird sich eine Verringerung der Dämpfung bemerkbar machen. Beide Stoßdämpfer müssen hier ersetzt werden.

Bild 41 zeigt eine Kennlinie, in der die Dämpfungskraft vertikal und der Hub des Dämpfers horizontal aufgetragen sind. Diese typische Kennlinie ergibt sich, wenn sich im Dämpfer Luft befindet. Dies ist auch festzustellen, wenn der Dämpfer durchschlägt. Es kann sich Luft im Stoßdämpfer gesammelt haben, weil er z.B. über einen längeren Zeitraum horizontal gelagert wurde. Es könnte auch sein, daß der Stoßdämpfer bei der Herstellung falsch montiert wurde; wenn er z.B. gepreßt und gezogen wurde, während sich der Stoßdämpfer in umgekehrter Einbaulage befand.
Die Luft wird beseitigt, indem der Stoßdämpfer in seiner richtigen Lage mehrmals ein- und auswärts bewegt wird. Durch gleichzeitiges Drehen des Behälterrohres wird dieser Fehler schneller behoben.
Außerdem wird die Luft auf dem Stoßdämpferprüfstand oder während der Fahrt nach kurzer Zeit automatisch aus dem Öl entweichen.

In Bild 42 ist die Chromschicht des Stoßdämpfers beschädigt; dieser Verschleiß ist meistens nur an einer Seite der Kolbenstange festzustellen.
Die Ursache liegt darin, daß die Befestigungspunkte des Stoßdämpfers nicht in einer Linie angeordnet sind. Die Führung und die Abdichtung werden dadurch schnell verschlissen, was Ölverlust und eine Verringerung der Dämpfung zur Folge hat.
Bei der Beseitigung dieses Fehlers müssen beide Stoßdämpfer einer Achse ersetzt werden.

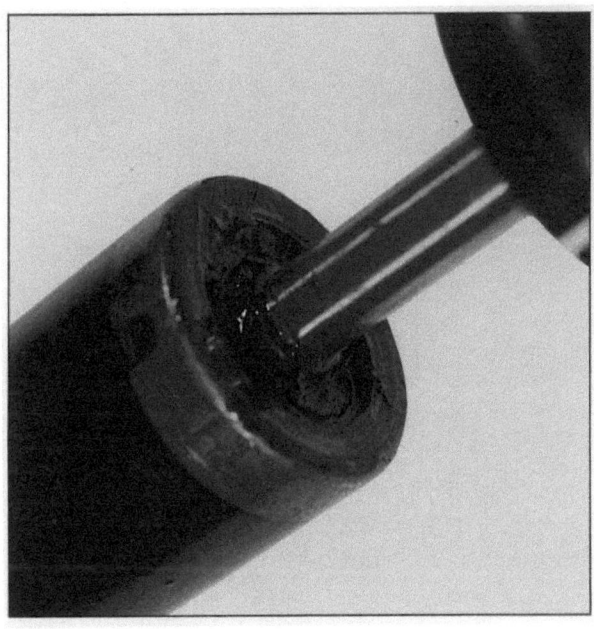

Bild 40

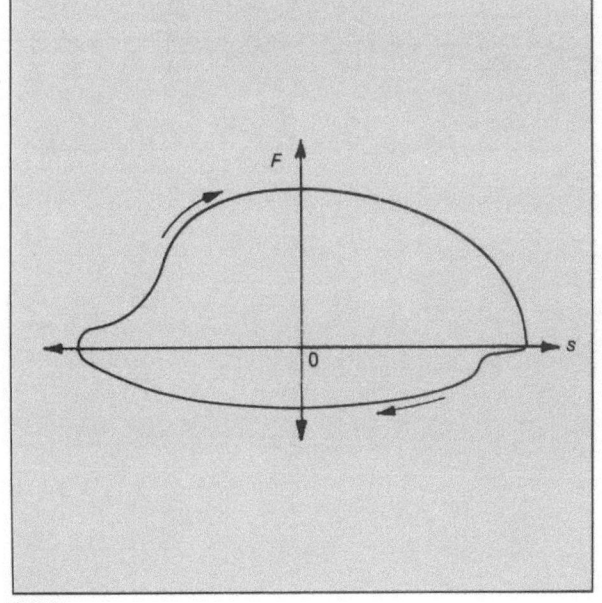

Bild 41

Bild 42

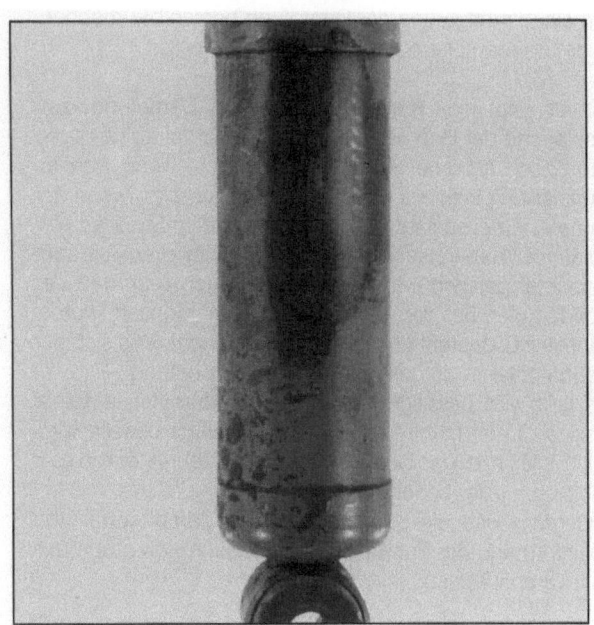
Bild 43

Bild 44

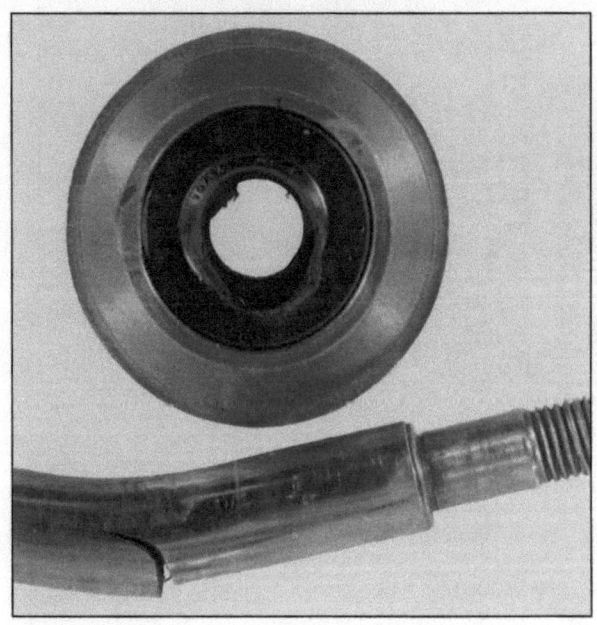
Bild 45

Bild 43 zeigt, daß das Schutzrohr eine Schleifspur auf dem Behälterrohr verursacht hat.
Dieser Verschleiß wird verursacht, wenn das Schutzrohr während der Montage oder durch Steinschlag während der Fahrt deformiert wird. Dies ist festzustellen, wenn der Stoßdämpfer während der Federung Geräusche verursacht; bei einem Schutzrohr aus Kunststoff ist dies weniger hörbar.
Es sollte versucht werden, die Deformierung zu beseitigen. Gelingt dies nicht, ist der Stoßdämpfer zu ersetzen.

Bild 44 zeigt einen verschlissenen Gelenkgummi im Befestigungsgelenk. Dies ist normaler Verschleiß, der nach längerem Einsatz auftreten kann.
Der Verschleiß wird beschleunigt, wenn sich Sand im Gelenkgummi befindet. Ein klapperndes Geräusch kann auf diesen Fehler hinweisen.

Bild 45 zeigt, was passiert, wenn ein Stoßdämpfer klemmt, nachdem sich die Kolbenstange verbogen hat; sie gleitet nicht mehr in der Führung. Dies kann z. B. durch einen Unfall aufgetreten sein. Der Stoßdämpfer muß in diesem Fall ersetzt werden.

Bild 46

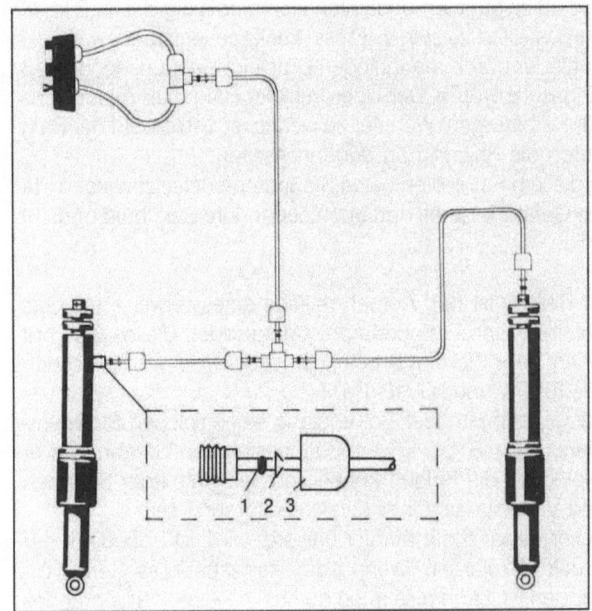

Bild 48

Bild 46 zeigt ein abgebrochenes Gewinde der Aufnahme. Dies wurde durch ein zu hohes Anzugsmoment der Befestigungsschraube verursacht. Der Stoßdämpfer muß ersetzt werden.

Bild 47 zeigt ein eingerissenes Befestigungsgelenk und rechts daneben ein abgerissenes Gelenk.
Die Ursache kann fehlerhaftes Funktionieren oder ein fehlender Zuganschlag sein; im letzten Fall wirkt der Stoßdämpfer als Zuganschlag, was eine zu hohe Belastung des Gelenkes verursacht. Auch in diesem Fall muß der Stoßdämpfer ersetzt werden.

Bild 48 zeigt ein Stoßdämpferpaar, das mit einer Niveauregulierung ausgestattet ist. In einer solchen Anlage kann ein Leck entstehen, wenn z.B. ein Gummirollbalg durch Schleifen verschlissen oder eine Leitung undicht geworden ist.
Dies kann festgestellt werden, wenn die Karosserie, nachdem sie in ihre höchste Stellung gebracht wurde, wieder langsam in die untere Lage zurückkehrt.
Das Leck kann mit Hilfe von Seifenlauge oder einem speziellen Spray festgestellt werden.
Ist ein Gummirollbalg undicht, muß der Stoßdämpfer ersetzt werden.
Ist eine Leitungsverbindung undicht, muß sie abgedichtet werden; es muß festgestellt werden, ob die Verbindungen richtig montiert sind. In der Darstellung ist dies mit 1, 2 und 3 gekennzeichnet.

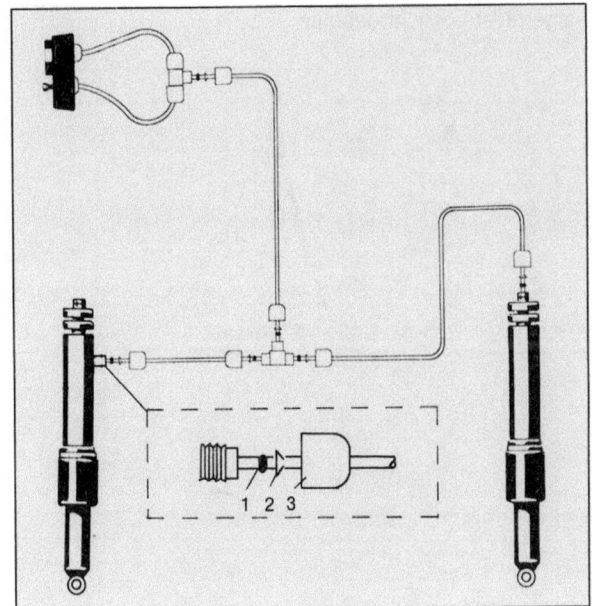

Bild 48

Bild 49 zeigt einen undichten Gummirollbalg des in Bild 48 dargestellten Systems. Diese Leckage entstand, weil die Luftfeder durch mangelnden Druck im Balg unsachgemäß eingesetzt wurde. Der Überdruck im Balg muß mindestens 10^5 Pa betragen. Wenn er zu niedrig ist, verschleißt der Balg durch die Reibung an den Innenseiten.

In diesem Fall sollten beide Stoßdämpfer ersetzt werden, da die Gefahr besteht, daß auch der andere Balg bald undicht wird.

Im Bild 50 ist das Aufnahmeauge eines teilweise mit Gas gefüllten Einrohrstoßdämpfers abgebildet. Dieses Gas hat einen sehr hohen Druck; der Druckwert liegt zwischen $20 \cdot 10^5$ Pa und $30 \cdot 10^5$ Pa.

Bei unsachgemäßer Behandlung eines solchen Stoßdämpfers, wie z. B. bei Erwärmung, besteht die Gefahr, daß er explodiert; die Folgen können großer materieller Schaden und Verletzungsgefahr für den Autofahrer sein.

Bevor dieser Stoßdämpfer entsorgt wird, ist unbedingt der Druck abzulassen. Wenn dafür kein spezielles Gerät vorhanden ist, kann dies auch durch ein kleines zu bohrendes Loch geschehen. Die richtige Stelle ist im Bild mit einem Pfeil gekennzeichnet. Das Gas kann über diese Öffnung abgelassen werden. Auch bei Entsorgung mit einem Verschrottungsgerät ist Vorsicht geboten.

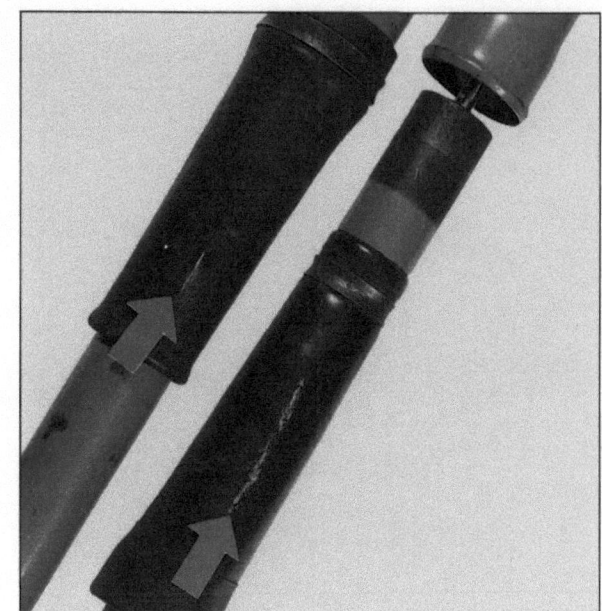

Bild 49

Bild 50

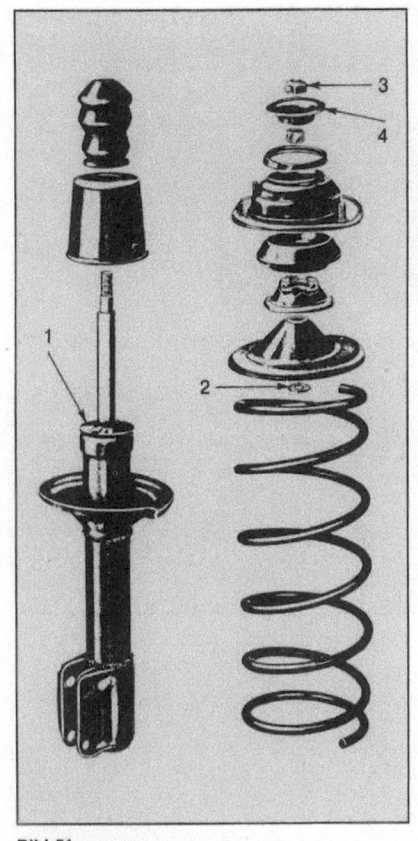

Bild 51

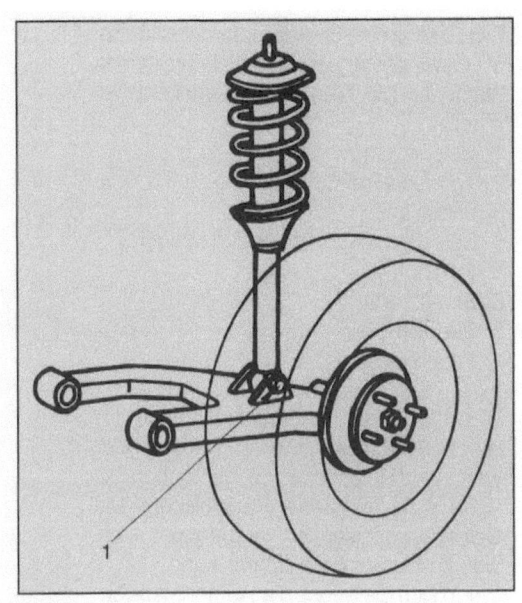

Bild 52

Bild 53

5.2 Mängel an der Radaufhängung

Bild 51 zeigt Teile eines Federbeines mit Stoßdämpferpatrone und die dazugehörenden Federn und Befestigungen. Die gekennzeichneten Teile sind:
1. Schraubring,
2. Scheibe,
3. Befestigungsmutter,
4. Teller.

Bei dieser Konstruktion können „klappernde" Geräusche auftreten, weil der Schraubring (1) nicht ausreichend oder falsch arretiert ist. Dieses Problem wird behoben durch ein erneutes Festziehen des Schraubringes mit einem vorgegebenen Drehmoment.

Eine zweite Ursache kann darin liegen, daß die obere Befestigung mit ihren Gummis mit einer zu niedrigen Vorspannung befestigt wurde. Das wird beseitigt, indem die Mutter (3) mit der richtigen Vorspannung festgezogen wird.

Wenn vergessen wurde, die Scheibe (2) zu montieren, entsteht in Längsrichtung ein Spiel zwischen Mutter (3) und Teller (4). Auch dies kann Geräusche verursachen.

Baut man diese Scheibe nachträglich ein, so ist das Problem gelöst.

Im Bild 52 ist eine Hinterradaufhängung mit einem Längsträger und einem Federbein dargestellt. Mit (1) ist die untere Befestigung des Stoßdämpfers gekennzeichnet. Ist die Befestigung (1) arretiert, wenn die Aufhängung „aus der Feder" ausgehängt ist, wird im Zustand der Belastung der Gummi deformiert: Dies verursacht Geräusche während der Fahrt.

Wenn dies auftritt, muß die Befestigung nochmals gelöst werden. Die untere Stoßdämpferbefestigung kann erst dann festgezogen werden, wenn das Fahrzeug mit den Rädern auf dem Boden steht und der Gelenkgummi sich damit im spannungsfreien Zustand befindet.

Bild 53 zeigt eine Stoßdämpferbefestigung mit Gewindestangen, kombiniert mit einer Blattfeder. Die Teile sind gekennzeichnet durch:
1. Gelenkgummi
2. Tellerscheiben
3. Stiftgelenke mit Muttern
4. Befestigungspunkte der Blattfeder
5. Herzbolzen
6. Schutzrohr
7. Behälterrohr
8. Federbügel

Wenn sich die Befestigungspunkte (4) durch Verschleiß geweitet haben, oder wenn der Herzbolzen (5) gebrochen ist, kann sich die Feder verschieben. Die Befestigungsgelenke verspannen sich, was zu Geräuschen führen kann.
Wenn sich die Achse der Aufnahmepunkte verschiebt, ist es möglich, daß das Schutzrohr am Behälterrohr schleift, wodurch das Gleiten der Kolbenstange beeinträchtigt wird. Undichtigkeiten des Stoßdämpfers sind die Folge.
Dieser Defekt kann repariert werden, indem die Federbefestigungspunkte neu arretiert und/oder ersetzt werden. Zu beachten ist, daß ein gebrochener Herzbolzen meistens durch lockere Federbügel (8) verursacht wird. Wenn die Gummis (1) und die Tellerscheiben (2) verschlissen sind, oder wenn die Befestigungen mit ungenügender Vorspannung arretiert sind, beeinflußt dies die Dämpfungskennlinie des Stoßdämpfers. Der entstandene Spielraum verzögert die Dämpfung und führt zu starken Geräuschen. Die Teile müssen ersetzt werden und/oder mit dem richtigen Moment festgezogen werden.

Auf eine ausreichende Schmierung der Blattfeder und Gelenke ist zu achten! Die Vorderradaufhängung im Bild 54 zeigt zwei Querträger und eine Schraubenfeder. Der Stoßdämpfer ist an der Oberseite mit einem Stiftgelenk und einer Distanzhülse und an der Unterseite mit einem Ringgelenk arretiert. Die Teile sind im Bild gekennzeichnet durch:
1. Zug- und Druckbegrenzung
2. Schraubenfeder
3. Befestigungsgelenke der Querträger.

Die Feder schlägt durch, wenn die Zug- und Druckbegrenzung (1) oder wenn die Feder (2) gebrochen ist. Die Feder kann durchschlagen, wenn die Befestigungsgelenke (3) verschlissen oder beschädigt sind. Bild 55 zeigt eine feste Hinterachse mit Schraubfedern. Die Stoßdämpfer sind mit Gewindestangen ohne Distanzbuchse befestigt. Die Teile sind im Bild gekennzeichnet durch:
1. Befestigungsgummis
2. Muttern.

Fehlen Distanzbuchsen, kann es bei der Montage der Stoßdämpfer vorkommen, daß die Muttern (2) zu fest angezogen werden. Die Gummis werden zu stark zusammengedrückt, so daß keine gelenkige Lagerung der Dämpfer gewährleistet ist. Dies verursacht ebenfalls Geräusche. Damit der Gummi wieder dehnfähig wird, muß die Mutter gelöst werden. Meist wird die Position der Mutter und die Dicke des Gummis unter Vorspannung vom Hersteller angegeben. Wichtig ist, daß die Mutter wieder gesichert wird.

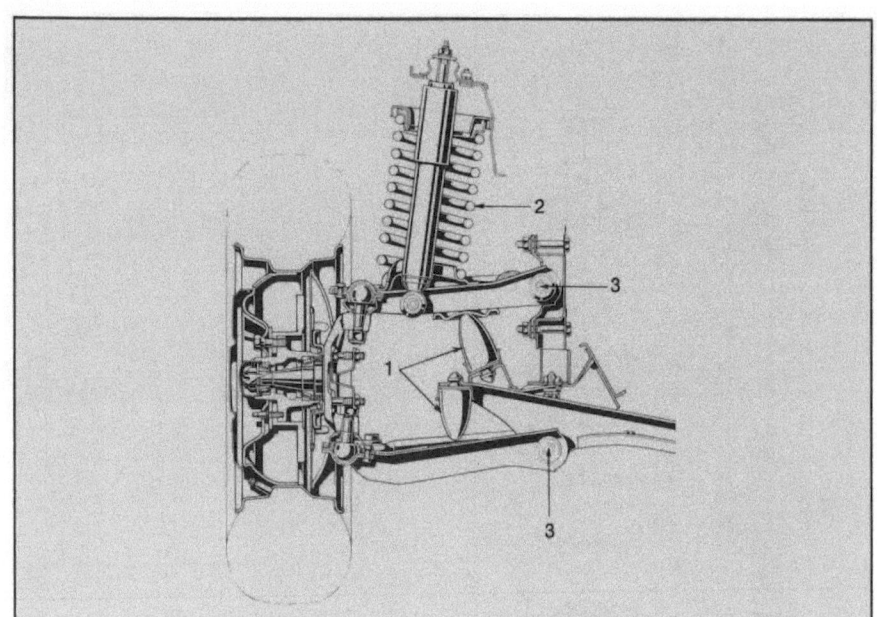
Bild 54

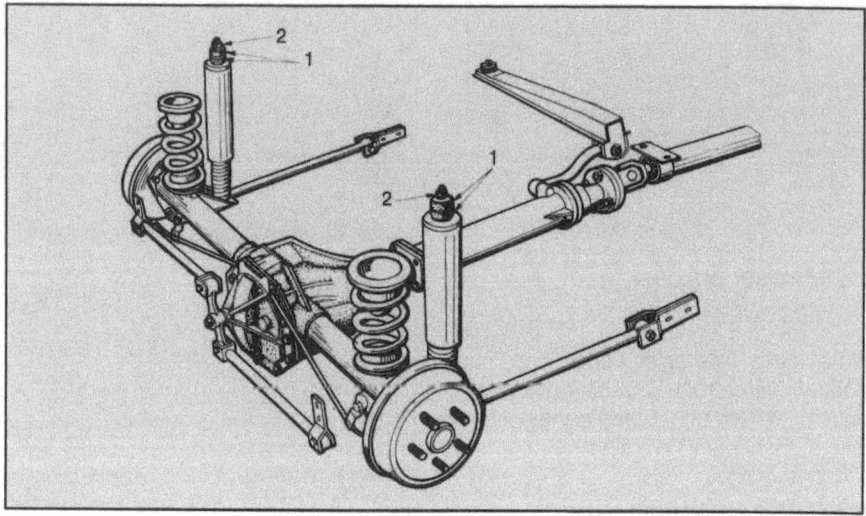
Bild 55

Bild 56 zeigt eine unabhängig gefederte Hinterradaufhängung mit Federbeinen. Die Teile im Bild sind gekennzeichnet durch:
1. Befestigungsgummi des Querträgers
2. Radbefestigungsteile der Antriebsachsen
3. Verschlußkappe

Durch verschlissene Gummis (1) des Querträgers kann ein „klapperndes" Geräusch entstehen. Eine andere Ursache liegt in einem zu großen Spiel der Radbefestigungsteile (2).
Nur durch Austausch der verschlissenen Teile ist dieser Defekt zu beheben.
Der Ölfluß, der während der Federung des Fahrzeuges entsteht, kann sich im Innenraum als „Zischen" bemerkbar machen. Die Ursache dafür kann das Fehlen der Verschlußkappen (3) sein, die als akustische Isolierung eingebaut sind. Die Kappen sollten in diesem Fall nachträglich eingebaut werden.

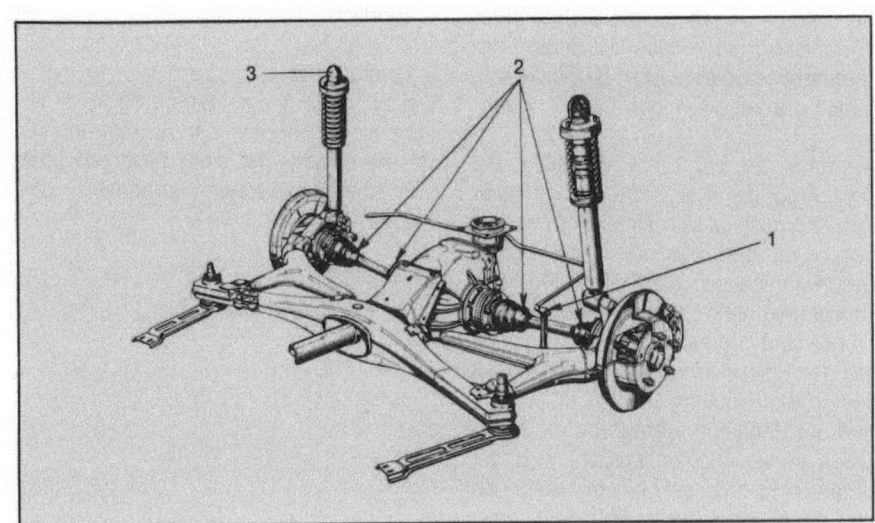

Bild 56

Die nachstehende tabellarische Übersicht zeigt Stoßdämpferfehler, ihre Ursachen und deren Behebung.

Fehler	Mögliche Ursache	Abhilfe
1. Stoßdämpfer schlägt durch	Fahrzeug-Federbegrenzung defekt	Besonderen Gummianschlag der Federwegbegrenzung überprüfen und, falls nötig, erneuern
	Stoßdämpfer hat ungenügende Wirkung	Stoßdämpfer austauschen
2. Stoßdämpfergeräusche (klappern, poltern usw.)	Stoßdämpferbefestigung lose	Stoßdämpfer richtig befestigen
	Blechschutzrohr streift am Zylinderrohr	Versatz zwischen oberer und unterer Dämpferaufhängung überprüfen
	Stoßdämpfer verbraucht	Stoßdämpfer austauschen
3. Stoßdämpfer wirkungslos	Ölverlust durch „angefressene" Kolbenstange, Dichtungsschaden oder Ventile verbraucht	Stoßdämpfer austauschen
4. Stoßdämpfer undicht deutlicher Ölverlust	Schaden an der Kolbenstangendichtung	Stoßdämpfer austauschen
5. Stoßdämpfer in der Wirkung zu hart	Falsche Dämpfer eingebaut	Richtigen Dämpfer lt. Fahrzeugliste einbauen
	Ventile nicht in Ordnung	Stoßdämpfer austauschen
6. Stoßdämpfer in der Wirkung zu weich	Falsche Dämpfer eingebaut	Richtigen Dämpfer lt. Fahrzeugliste einbauen
	Dämpfer verschlissen	Neue Stoßdämpfer einbauen
7. Schlechte Fahreigenschaften	Dämpfwirkung hat nachgelassen	Neue Stoßdämpfer einbauen
8. Auswaschungen (Abflachungen) am Reifenprofil	Dämpfwirkung hat nachgelassen oder ist nicht mehr vorhanden	Neue Stoßdämpfer einbauen

6 Entwicklungen

Die Anforderungen an die Stoßdämpfer im Fahrzeug haben sich seit Beginn der Automobilgeschichte nicht grundsätzlich, jedoch gravierend in ihrer Qualität geändert.

Während der Fahrt soll vor allem die Bewegung der Karosserie in vertikaler Richtung minimal sein. Der Fahrsicherheit wegen müssen besonders bei hohen Geschwindigkeiten die Reifen ständigen Fahrbahnkontakt haben. Diese Forderungen sind gegenläufig und bilden auch bei der Entwicklung des Stoßdämpfers das größte Problem.

Weil der Fahrzeugaufbau und die Materialien immer leichter werden, wird der Unterschied zwischen einem beladenen und einem unbeladenen Fahrzeug immer größer.

Weil die Fahrleistung im Verhältnis zur Masse steigt und die aerodynamische Form immer günstiger wird, steigt die Höchstgeschwindigkeit.

Um dies berücksichtigen zu können, werden zur Zeit viele Neuentwicklungen erprobt und bereits eingesetzt.

Ein gutes Beispiel sind elektronische Regelsysteme, welche die Dämpfungskraft der Stoßdämpfer regeln.

Die Dämpfung stellt sich je nach Fahrbedingung, Straßenzustand und Ladezustand ein, so daß eine möglichst optimale Dämpfung erreicht wird.

Seit den fünfziger Jahren wurden bereits Systeme konzipiert, die Patente zur aktiven Federung nach sich zogen. Erst durch breiten Einsatz der Mikroelektronik in Industrie und Forschung wurde es möglich, diese Elektronik im Fahrzeug einzusetzen. Dies zeigt sich vor allem bei der Gemischaufbereitung und der Zündung. Auch das Antiblockiersystem ist ein Ergebnis dieses Fortschritts.

Mit dem Einsatz von Stoßdämpfern mit einem *bypass*, wie in Kapitel 3.1 behandelt, wird die Dämpfung in zwei Teilgebiete aufgeteilt. Der hohe Preis für diesen Stoßdämpfertyp ist wegen der geringen Effektivität nicht gerechtfertigt. Es wird darum nach Lösungen gesucht, die den ganzen Dämpferbereich des Stoßdämpfers beeinflussen.

Zusammen mit der Firma Sachs haben Automobilproduzenten ein Doppelkolbensystem entwickelt, das die Wahl von 2 bis 3 weitgehend voneinander unabhängigen Kennlinien ermöglicht. Die Einstellung der Dämpfkraft kann auf diese Weise in zwei bis drei Stufen erfolgen:

– sportlich
– normal
– komfortabel.

Die Einstellung der Dämpfung wird mit Hilfe eines Knopfes am Armaturenbrett bestimmt, oder mit einer Elektronik, die von unterschiedlichen Parametern gesteuert wird.

Bild 57 zeigt die Dämpferpatrone eines Federbeines mit verstellbarer Dämpfungskraft für die Vorderradaufhängung. Das Prinzip dieses Dämpfers ist vergleichbar mit einem Zweirohrdämpfer mit Gasfüllung. In diesem Dämpfer sind jedoch zwei Kolben mit Ventil eingebaut. Diese voneinander unabhängigen Kolbenventile können in ihrer Dämpfungswirkung zweifach und durch hydraulische Reihenschaltung auch 3fach geschaltet werden und sind in Zug- und Druckrichtung wirksam.

In der hohlen Kolbenstange sitzt ein Gleichstrom-Motor mit angeflanschtem Getriebe, der über Drehschieber die Strömung und damit Wirkung des ersten oder zweiten Kolbens steuert oder aber eine Reihenschaltung beider Kolben bewirkt. Der Elektromotor ist über einen zweipoligen Stecker mit dem Stiftgelenk des Dämpfers verbunden.

Als Zuganschlag wirkt eine weich einsetzende Schraubenfeder.

Die verstellbare Dämpfung kann in gleicher Ausführung auch in ein Federbein mit Federteller eingebaut werden.

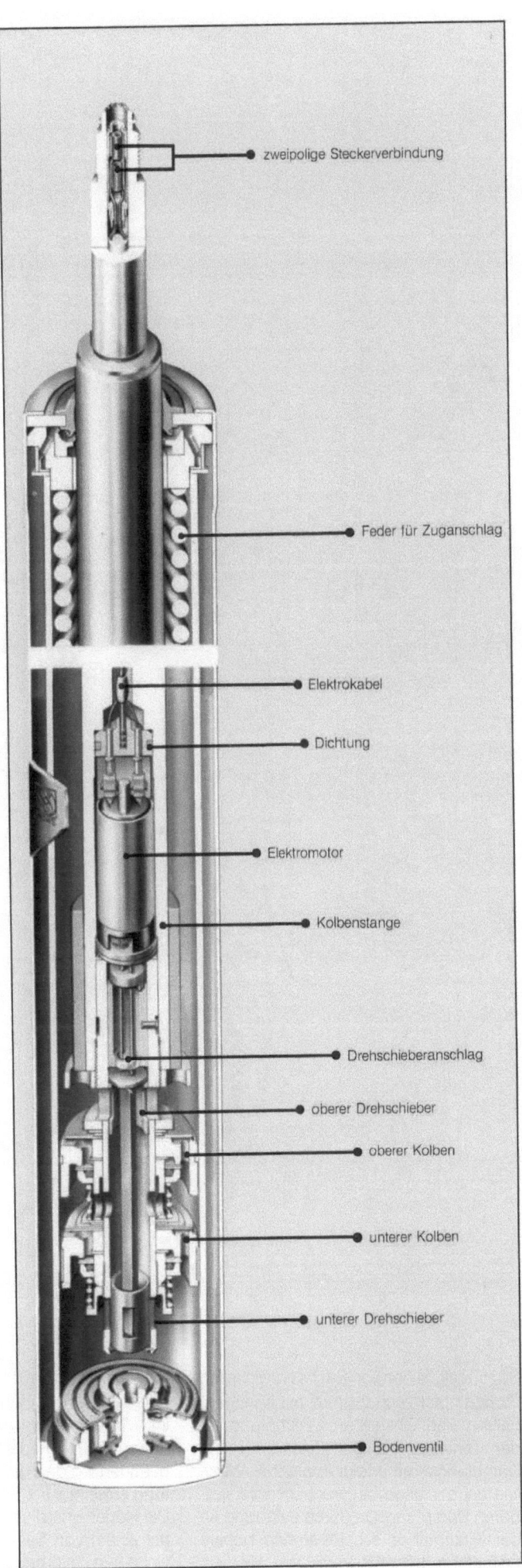

Bild 57

Entwicklungen

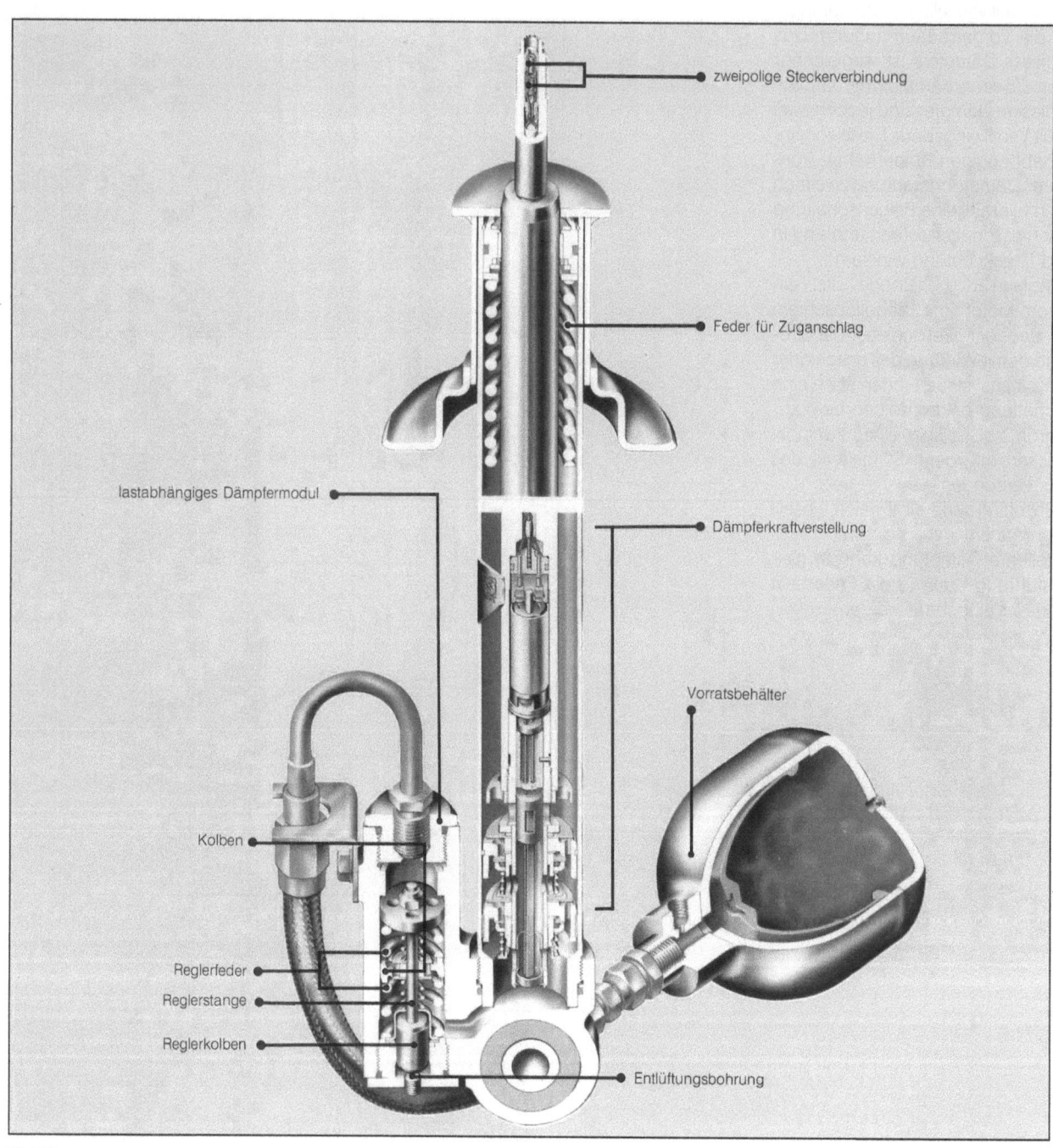

Bild 58

Bild 58 zeigt einen von Sachs entwickelten Stoßdämpfermechanismus mit Niveauregelung und einstellbarer Dämpfung an der Hinterachse. Die Einstellung der Dämpfungskraft erfolgt in gleicher Weise wie bei der oben besprochenen verstellbaren Dämpfung. Da durch Zuladung an der Hinterachse des PKW eine höhere Dämpfung benötigt wird, wird hier ein belastungsabhängiges Dämpfermodul zugeschaltet.

Die Dämpfung paßt sich automatisch der Belastung an. Abhängig vom Druck, der im Vorratsbehälter herrscht, wird die Spannung der Federn im Dämpfermodul geändert, so daß die gewünschte Dämpfung erreicht wird.
Die Höheneinstellung des Dämpfers wird mit einem von Sachs seit Jahren angewendeten hydropneumatischen System gewährleistet; der Vorratsbehälter ist ein Teil des Systems.

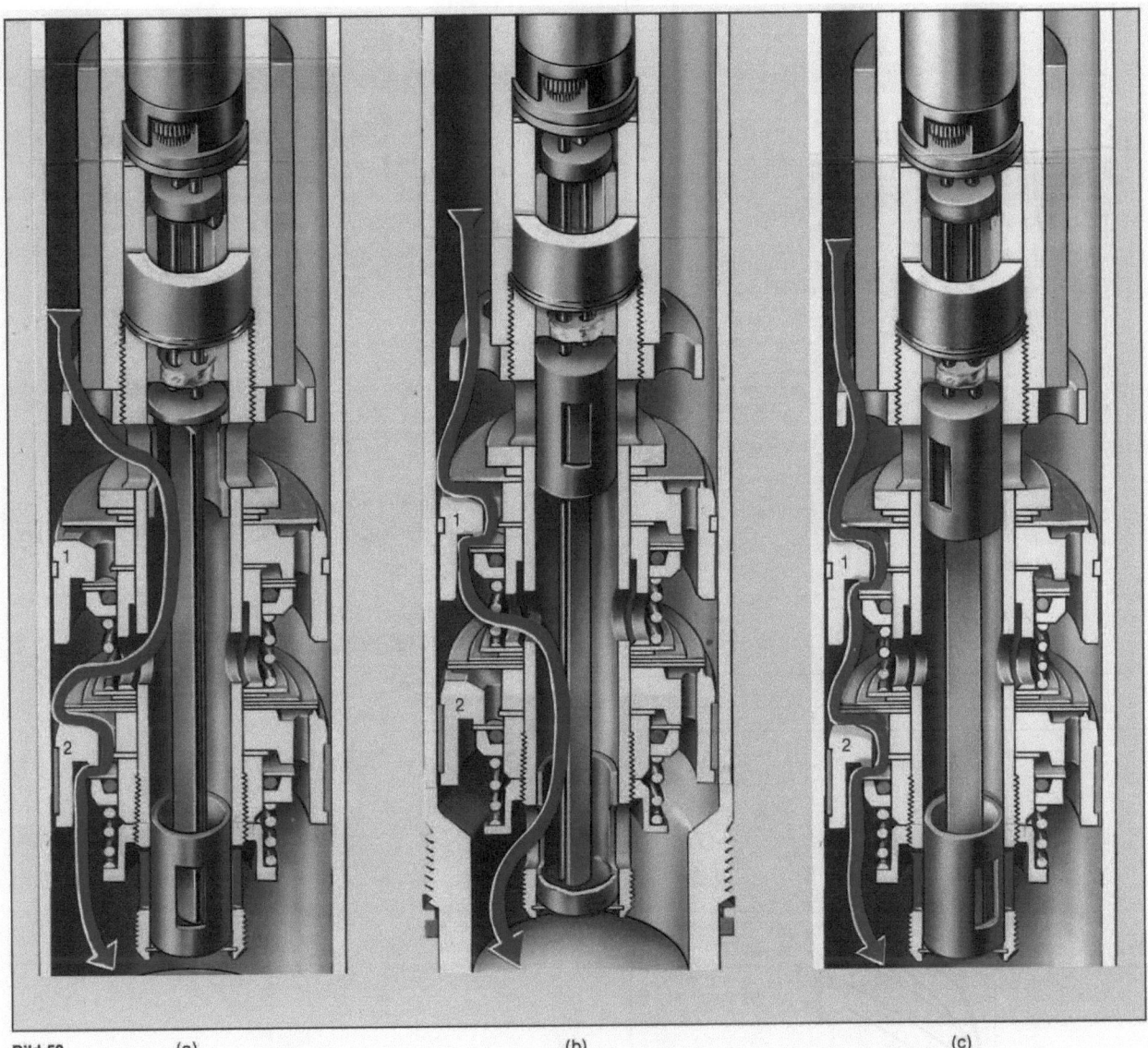

Bild 59 (a) (b) (c)

Bild 59 zeigt die drei Regeleinstellungen des Drehschiebers.
In Bild 59(a) sind die oberen Bohrungen in der Kolbenstange geöffnet und die untere Bohrung ist geschlossen. Der Pfeil zeigt, wie der Ölstrom während dieser Einstellung fließt. Nur die Ventile vom unteren Kolben (2) beeinflussen die Dämpfungskraft.
In Bild 59(b) ist die Einstellung der Drehschieber so, daß die oberen Bohrungen geschlossen sind und die untere geöffnet ist.
Jetzt beeinflussen nur die unteren Ventile die Dämpfungskraft. Der Pfeil zeigt auch hier wieder deutlich den Verlauf des Ölstroms. Weil die Ventile der zwei Kolben eine unterschiedliche Einstellung haben, unterscheiden sich die Dämpferkräfte in den Bildern 58(a) und 59(b). In Bild 59(c) ist sowohl die obere als auch die untere Bohrung geschlossen. Der Pfeil zeigt, daß der Ölstrom jetzt über die Ventile des oberen Kolbens (1) und des unteren Kolbens (2) beeinflußt wird.

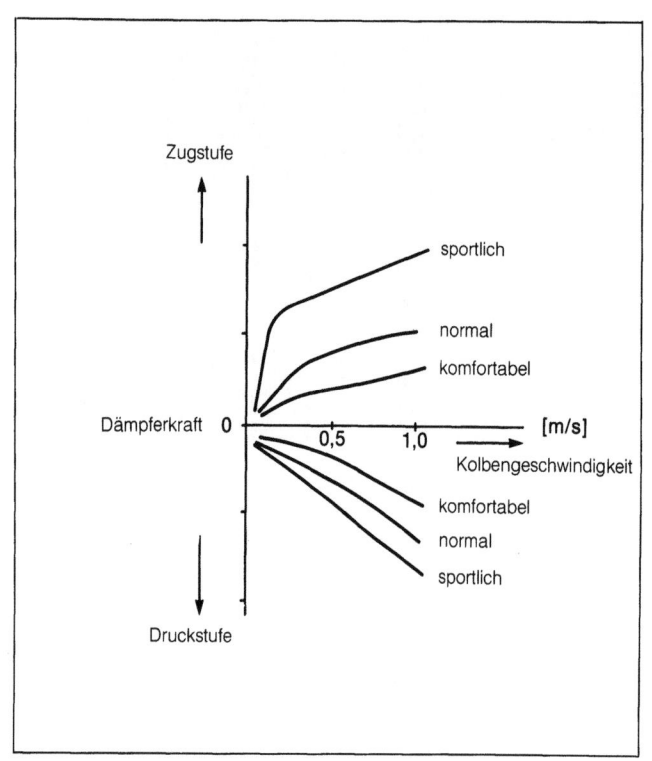

Bild 60

Bild 62 stellt eine elektronische Regelung dar. Damit wird die Regelung des Elektromotors im Stoßdämpfer völlig automatisch eingestellt.

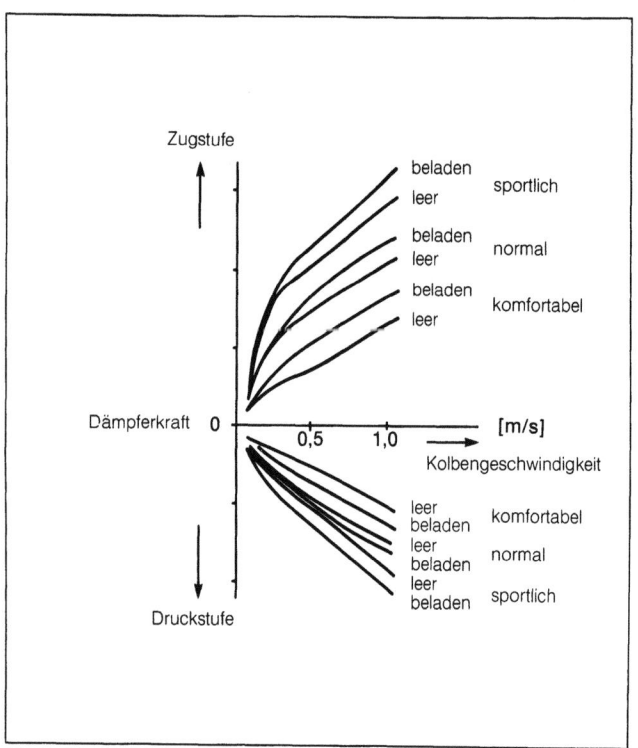

Bild 61

Das Diagramm in Bild 60 zeigt die Kennlinie der Dämpfungskraft einer Vorderachse in drei unterschiedlichen Positionen. Bild 61 zeigt die Kennlinie der Dämpfungskraft für die Hinterachse unter Einfluß eines lastabhängigen Moduls.

Aus dem Programm Kraftfahrzeugtechnik

Technische Lehrgänge für Ausbildung und Praxis

		ISBN
Technischer Lehrgang:	Hydraulik	3-528-04832-8
Technischer Lehrgang:	Kupplungen	3-528-04829-8
Technischer Lehrgang:	Schmierstoffe und Motoren	3-528-04827-1
Technischer Lehrgang:	Starterbatterie	3-528-04825-5
Technischer Lehrgang:	Gleitlager für Verbrennungsmotoren	3-528-04831-X
Technischer Lehrgang:	Ventile, Schäden und ihre Ursachen	3-528-04836-0
Technischer Lehrgang:	Turbolader	3-528-04826-3
Technischer Lehrgang:	Motorkraftstoffe	3-528-04834-4
Technischer Lehrgang:	Stoßdämpfer	3-528-04830-1
Technischer Lehrgang:	Automatische Getriebe	3-528-04828-X
Technischer Lehrgang:	Hydraulische Systeme, Berechnungen	3-528-04835-2

In Vorbereitung:

Technischer Lehrgang: Kolben, Schäden und ihre Ursachen 3-528-04833-6

Fachbücher für die Ausbildung

Kraftfahrzeugtechnik
Technologie für Automobil- und Kraftfahrzeugmechaniker
von W. Staudt (Hrsg.)   3-528-04302-4

Metalltechnik
Grundbildung für kraftfahrzeugtechnische Berufe
von W. Staudt (Hrsg.)   3-528-04430-6

Arbeitsblätter Kraftfahrzeugtechnik
von W. Staudt (Hrsg.)   3-528-04913-8

Elektrische Motorausrüstung
von G. Henneberger   3-528-04764-X

Fordern Sie ausführliche Informationen direkt beim Verlag an
Friedr. Vieweg & Sohn Verlagsgesellschaft mbH
Postfach 5829, 65048 Wiesbaden

If you have any concerns about our products,
you can contact us on
ProductSafety@springernature.com

In case Publisher is established outside the EU,
the EU authorized representative is:
**Springer Nature Customer Service Center GmbH
Europaplatz 3, 69115 Heidelberg, Germany**

Printed by Libri Plureos GmbH
in Hamburg, Germany